U0383689

高职高专建筑工程专业系列教材

建 筑 制 图

宋安平 主编

中国建筑工业出版社

图书在版编目（CIP）数据

建筑制图 /宋安平主编. —北京：中国建筑工业出版社，
1997（2023.4 重印）
（高职高专建筑工程专业系列教材）
ISBN 978-7-112-03005-7

Ⅰ.建... Ⅱ.宋... Ⅲ.建筑制图-高等学校：技术学校-
教材 Ⅳ.TU204

中国版本图书馆 CIP 数据核字（2005）第 036171 号

本书是为高等专科"工业与民用建筑专业"学生学习《建筑制图》课
程而编写的教材。主要内容包括：正投影、轴测投影、投影制图和土建制
图。另外，还编有《建筑制图习题集》，与本教材配套使用。

本书除了供给高等专科学校有关专业学生使用外，还可以做为电视大
学、业余大学等同类专业专科学生和自学成才青年使用的教材或参考书。

高职高专建筑工程专业系列教材

建 筑 制 图

宋安平　主编

*

中国建筑工业出版社出版、发行（北京西郊百万庄）

各地新华书店、建筑书店经销

北京建筑工业印刷厂印刷

*

开本：787×1092 毫米　1/16　印张：10¾　字数：262 千字
1997 年 6 月第一版　　2023 年 4 月第三十七次印刷

定价：**20.00** 元

ISBN 978-7-112-03005-7
（20937）

本社网址:http://www.cabp.com.cn
网上书店:http://www.china-building.com.cn

出　版　说　明

为了满足高等专科学校房屋建筑工程（工业与民用建筑）专业的教学需要，培养从事建筑工程施工、管理及一般房屋建筑结构设计的高等工程技术人才，中国建筑工业出版社组织编写了这套"高等专科工业与民用建筑专业系列教材"。全套教材共15册，其中8册是由武汉工业大学、湖南大学等高等院校编写的原高等专科"工业与民用建筑专业"系列教材修订而成的。按照教学计划与课程设置的要求，我们又新编了7册。这15册书包括：《建筑制图》、《建筑制图习题集》、《房屋建筑学》、《建筑材料》、《理论力学》、《材料力学》、《结构力学》、《混凝土结构（上、下）》、《砌体结构》、《钢结构》、《土力学地基与基础》、《建筑工程测量》、《建筑施工》、《建筑工程经济与企业管理》。

本系列教材根据国家教委颁发的有关高等专科学校房屋建筑工程专业的培养目标和主要课程的教学要求，紧密结合现行的国家标准、规范，以及吸取近年来建筑领域在科研、施工、教学等方面的先进成果，贯彻"少而精"的原则，注重加强基本理论知识、技能和能力的训练。考虑到教学的需要和提高教学质量，我们还将陆续出版选修课教材及辅助教学读物。

本系列教材的编写人员主要是武汉工业大学、湖南大学、西安建筑科技大学、哈尔滨建筑大学、重庆建筑大学、西北建筑工程学院、沈阳建筑工程学院、山东建筑工程学院、南京建筑工程学院、武汉冶金科技大学等有丰富教学经验的教师。

由于教学改革的不断深入，以及科学技术的进步，这套教材的安排及书中不足之处在所难免，希望广大读者提出宝贵意见，以便不断完善。

前　言

为了满足高等专科学校教学的需要，我们编写了《建筑制图》、《建筑制图习题集》两本教材。

在编写过程中，我们认真研究了专科教学的特点，尽力把教材编好，使之成为具有专科特色的，适合教学的一套教材。

在教材内容上，我们参照"工业与民用建筑"专业专科教育的培养目标和《建筑制图》课程的基本要求做了大量地调整，删去了画法几何中的图解空间几何问题，加强了制图中的形体表达能力和画图、看图的基本功训练。

在教材体系上，先是画法几何，后为土建制图，以便于根据各自的教学特点进行教学安排。

为了便于教学，对课程内容的重点、难点和典型例题，我们都做了较为详细地叙述。书中插图尽量做到简单清晰，文字叙述也尽量做到易读易懂。

另外需要说明，本教材的工程实例是从北方的生产图纸中选取的，图中除了遵守国家统一的制图标准外，也还涉及到地方的一些标准图集。

本教材总共有九章：第一章到第五章为画法几何，内容包括正投影和轴测投影；第六章到第九章为土建制图，内容包括投影制图和专业制图（建筑施工图、结构施工图）。

参加本教材编写工作的有：哈尔滨建筑大学宋安平（绪论、第一、二、四、五章）、贾洪斌（第三章）、钱晓明（第六章）、王树安（第七章）、董保华（第八、九章）。宋安平教授为主编。全书由重庆建筑大学廖远明教授主审。

由于我们的水平和经验有限，加之时间仓促，书中难免存在缺点和错误，欢迎广大教师、同学批评指正。

目　录

绪　　论

一、本课程的性质和任务

现代各种工程建设都离不开工程图样。例如建造一栋房子，首先要由设计部门根据使用要求进行设计，画出大量的图纸，然后拿到施工现场，按图纸进行施工。因此，工程图样被喻为"工程界的语言"。它是工程技术人员表达技术思想的重要工具，也是工程技术部门交流技术经验的重要资料。

画法几何及土建制图就是研究用投影法绘制工程图样的一门学科，它是一门技术基础课。其主要任务是：

（1）学习投影法（主要是正投影法）的基本理论及其应用；

（2）培养绘制和阅读土建图样的初步能力；

（3）培养空间想象力和空间分析能力。

此外，在教学过程中还要有意识地培养学生的自学能力、创造能力、审美能力以及认真负责、严谨细致的工作作风。

二、本课程的学习方法

画法几何及土建制图本是相互联系、各有特点的两门学科，前者理论性较强，后者实践性较强，两者的关系是理论与实践的关系。学好画法几何可为学好土建制图打下良好的理论基础，而学好土建制图也就达到了学习画法几何的主要目的。

下面就画法几何及土建制图的学习方法，提出几点意见，供同学们参考。

（1）画法几何是用投影的方法研究几何问题的，画法几何也叫投影几何。因此，树立投影的概念、掌握投影的规律（特别是单面正投影的性质及多面正投影之间的联系），是学好画法几何的关键。

（2）学习画法几何要能够从空间到平面，并从平面回到空间。前者为画图过程，后者为看图过程，要在画图和看图的反复过程中自觉地培养和发展空间想象力。

（3）学习画法几何要理论联系实际，解决实际问题。这就需要完成一定数量的作业，并在作业中养成作图准确、图面整洁的良好习惯。

（4）学习土建制图的关键在于实践，要在画图和看图的实践中掌握制图的基本知识和技能。

（5）必须按规定及时地完成每一张制图作业，并在作业中养成认真负责、严谨细致的工作作风。

第一章　投影的基本知识

本章介绍投影的概念及投影法的分类,正投影的几何性质以及三面正投影图的形成。

第一节　投影的概念及投影法的分类

一、投影的概念

把空间物体表示在平面上,是以投影法为基础的,而投影法又是从光照物体的呈影现象中抽象、概括出来的。

例如三角板(△ABC)在灯光(点光源 S)的照射下,落在地上(承受落影的平面 H 上)的影子(△abc),就是一个呈影现象(图 1-1)。

我们把光源 S 叫做投射中心,光线 SA、SB……叫做投射线,承受落影的平面 H 叫做投影面,则△abc 就是△ABC 在 H 面上的投影。

从几何意义上讲,空间某一点(如 A 点)的投影,实质上是过该点的投射线(SA)与投影面(H)的交点(a);空间某一线段(如 AB 线段)的投影,实质上是过该线段的投射面(过线段上各点的投射线构成的平面 SAB)与投影面(H)的交线(ab);空间平面形(如△ABC)的投影,是构成平面形的各边投影的集合(△abc);而空间立体(如四面体 ABCD)的投影,就是构成该立体的全部顶点、全部棱线和全部棱面投影的集合(图 1-2 中的平面图形 abcd)。

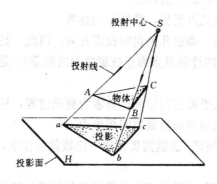
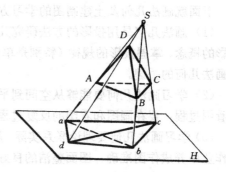

图 1-1　投影的概念　　　　　　　　　图 1-2　中心投影

可见,立体的投影不是一个简单的只有外形轮廓的黑影,而是一个能够表达立体形状的平面图形。这种把空间立体转化为平面图形的方法,叫做投影法。

二、投影法的分类

投影法分为两大类:

1. 中心投影法

投射线相交于一点时(相当于灯泡发出的光线)为中心投影法,所得投影叫中心投影(图 1-2);

2. 平行投影法

投射线互相平行时（相当于太阳发出的光线）为平行投影法，所得投影叫平行投影（图1-3）。

事实上，当投射中心（S）离开投影面（H）无限远时（S_∞），投射线便互相平行，因此平行投影是中心投影的特殊情况。

平行投影法又分为两种：

（1）投射线与投影面倾斜时为斜投影法，所得投影叫斜投影（图1-3a）；

（2）投射线与投影面垂直时为正投影法，所得投影叫正投影（图1-3b）；

中心投影法是由投影面和投射中心确定的。物体在投影面和投射中心之间移动时，其中心投影大小不同：越靠近投射中心投影越大，反之越小。

平行投影法是由投影面和投影方向确定的。物体沿着投影方向移动时，物体的投影大小不变。

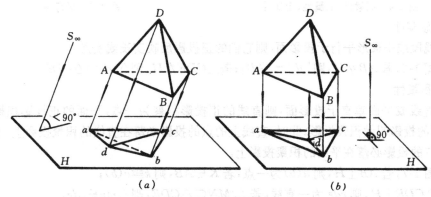

图 1-3　平行投影

(a)斜投影；　(b)正投影

对正投影法来说，只要给出投影面或者投影方向，投影条件即可确定，而且物体与投影面的距离远近不会影响物体的正投影。

第二节　正投影的几何性质

正投影法是工程制图中绘制图样的主要方法。因此，了解正投影的几何性质，对分析和绘制物体的正投影图至关重要。

正投影的几何性质归纳起来有：

1. 同素性

点的正投影仍然是点，直线的正投影一般仍为直线（特殊情况例外）。

见图1-4，自点 A 向投影面 H 引垂线（投射线），所得垂足 a 即为点 A 的正投影；过直线 BC 向投影面 H 作垂面（投射面），所得交线 bc 即为直线 BC 的正投影。

2. 从属性

点在直线上，点的正投影在直线的正投影上。

见图1-4，若 $K \in BC$，则 $k \in bc$。

3. 定比性

点分线段所成的比例,等于点的正投影分线段的正投影所成的比例。

见图1-4,若$K \in BC$,则$BK : KC = bk : kc$

4. 平行性

两直线平行,它们的正投影也平行,且线段的长度之比等于正投影的长度之比。

见图1-5,若$AB /\!/ CD$,则$ab /\!/ cd$,且$AB : CD = ab : cd$。

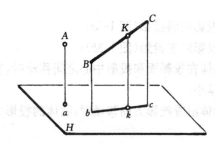

图1-4 同素性、从属性、定比性

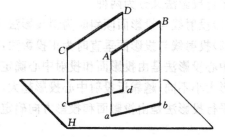

图1-5 平行性

5. 显实性

若线段或平面形平行于投影面,则它们的正投影反映实长或实形。

见图1-6,若$AB /\!/ H$,则$|ab| = |AB|$;若$\triangle CDE /\!/ H$,则$\triangle cde \equiv \triangle CDE$。

6. 积聚性

若直线或平面垂直于投影面,则直线的正投影积聚为一点,平面的正投影积聚为一直线,这样的投影叫做积聚投影。此时,直线上的点的投影必落在直线的积聚投影上,平面上的直线或点的投影必落在平面的积聚投影上。

见图1-7,若$AB \perp H$,则$a(b)$为一点,若$K \in AB$,则$k \equiv a(b)$;

若$\triangle CDE \perp H$,则cde为一直线,若L、$MN \subset \triangle CDE$,则l、$mn \in cde$。

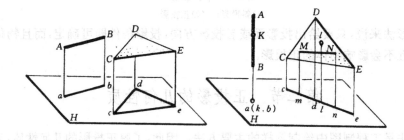

图1-6 显实性   图1-7 积聚性

以上六条性质,可用初等几何的知识加以证明,本书不加证明。

图1-8表示在投影面H的上方给出一个立体,该立体由七个平面围成,其中四个侧面与投影面垂直,一个底面与投影面平行,还有两个平面与投影面倾斜。

根据正投影的几何性质,可知四个侧面在投影面H上的正投影分别为四条直线(积聚性);四条直线形成一个长方形,这个长方形也是底面在投影面H上的正投影,它反

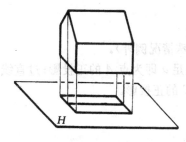

图1-8 物体的投影分析

映实形(显实性);两个相等的斜面(倾斜角度相等)投影成两个相等的长方形(不等于实形),并且与底面的投影上下重合。上述七个平面投影的集合(位在 H 面上的平面图形),就是该立体的正投影图。

第三节　三面正投影图的形成

工程上绘制图样的主要方法是正投影法。因为这种方法画图简单,画出的投影图具有形状真实、度量方便等优点,能够满足工程要求。

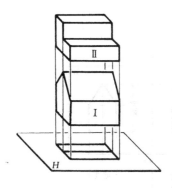

图 1-9　单面正投影

但是,只用一个正投影图来表达物体是不够的。如图 1-9 所示,两个形状不同的物体在投影面 H 上 具有相同的正投影图。如果根据这个投影图确定物体的形状,显然是不可能的。因为它可以是物体Ⅰ,也可以是物体Ⅱ,还可以是其它别的物体。

可见,单面正投影图是不能唯一地确定物体的形状的。为了确定物体的形状必须画出物体的多面正投影图——通常是三面正投影图。

三面正投影图的形成过程是:

1. 建立三投影面体系

如图 1-10(a)所示,给出三个投影面 H、V、W。其中 H 面是水平放置的,叫水平投影面;V 面是立在正面的,叫正立投影面;W 面是立在侧面的,叫侧立投影面。三个投影面互相垂直,它们的交线 OX、OY、OZ 叫投影轴,三个投影轴也互相垂直。

2. 将物体分别向三个投影面进行正投影

如图 1-10(b)所示,将物体置于三投影面体系当中(尽可能地使物体表面平行于投影面或垂直于投影面,物体与投影面的距离不影响物体的投影,不必考虑),并且分别向三个投影面进行正投影。在 H 面上得到的正投影图叫水平投影图,在 V 面上得到的正投影图叫正面投影图,在 W 面上得到的正投影图叫侧面投影图(水平投影图同图 1-8,正面投影图和侧面投影图请读者自己分析)。

3. 把位于三个投影面上的三个投影图展开

三个投影图分别位于三个投影面上,画图非常不便。实际上,这三个投影图经常要画在一张纸上(即一个平面上)。为此,可以让 V 面不动,让 H 面绕 OX 轴向下旋转 90°,让 W 面绕 OZ 轴向右旋转 90°(图 1-10c)。这样,就得到了位于同一个平面上(展开后的 H、V、W 面上)的三个正投影图,也就是物体的三面正投影图(图 1-10d)。

很明显,展开后的三面正投影图的位置关系和尺寸关系是:正面投影图和水平投影图左右对正,长度相等;正面投影图和侧面投影图上下看齐,高度相等;水平投影图和侧面投影图前后对应,宽度相等。

由于物体的三面正投影图反映了物体的三个方面(上面、正面和侧面)的形状和三个方向(长向、宽向和高向)的尺寸,因此三面正投影图通常是可以确定物体的形状和大小的。

本书从第二章到第四章讨论的内容都是正投影,为叙述简便起见,以后凡是提到投影

（如不加说明）均指正投影。

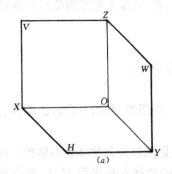

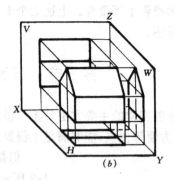

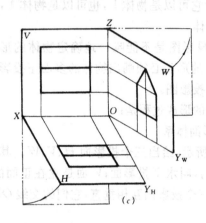

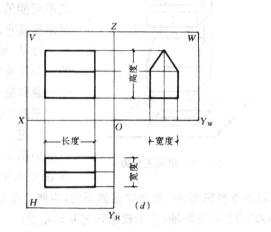

图 1-10　三面正投影图的形成

思 考 题

1. 什么是中心投影？什么是平行投影？什么是正投影？
2. 试述正投影的几何性质。
3. 试述三面正投影图的形成过程。

第二章 点、直线和平面的投影

本章讨论点、直线和平面等几何元素的投影表示法,几何元素的相对位置及其投影作图。

第一节 点的投影

点是构成立体的最基本的几何元素,点只有空间位置,而无大小。在画法几何里,点的空间位置是用点的投影来确定的。

一、点的单面投影

前章说过,点在某一投影面上的投影,实质上是过该点向投影面所作垂线的垂足。因此,点的投影仍然是点。

如图 2-1 所示,给出投影面 H 和空间点 A,为求点 A 在 H 面上的投影,需过 A 点向 H 面作垂线(即投射线),并找出垂线与 H 面的交点(即垂足)a,则 a 点就是 A 点在 H 面上的投影。这个投影是唯一确定的。但是,给出投影 a,能否唯一确定 A 点的空间位置呢?显然是不可能的,因为位于投射线上的任何一点(如 A_1 点),其投影都在 a 处。这就是说,点的一个投影还不足以确定点在空间的位置。

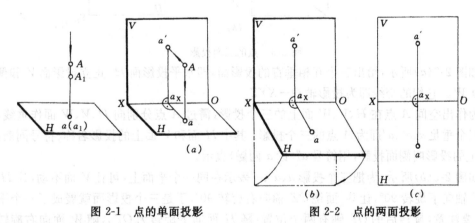

图 2-1 点的单面投影 　　　　图 2-2 点的两面投影

二、点的两面投影

要确定点在空间的位置,需要有点的两面投影。

如图 2-2(a) 所示,给出两个互相垂直的投影面,即水平投影面 H 和正立投影面 V,它们的交线是投影轴 OX。

为作出空间 A 点在 H、V 两个投影面上的投影,需过 A 点分别向 H 面和 V 面作垂线,所得的两个垂足即为 A 点的两个投影。其中 H 面上的投影叫水平投影,用字母 a 表示,V 面上的投影叫正面投影,用字母 a'(读 a 一撇)表示。

根据水平投影 a 和正面投影 a' 可以唯一地确定 A 点的空间位置。方法是：自 a 点引 H 面的垂线，自 a' 点引 V 面的垂线，两垂线的交点即为空间 A 点。

这就是说，给出空间一点，可以作出它的两个投影；反过来，给出点的两个投影，也可以确定该点的空间位置。

点的两个投影是分别位在两个投影面上的，但实际画图时要画在一张图纸上（一个平面上），为此，可把 H、V 两个平面展成一个平面。见图 2-2(b)，保持 V 面不动，将 H 面绕 OX 轴向下旋转 $90°$，就得到了如图 2-2(c) 所示的点的两面投影图。其投影规律如下：

（1）点的水平投影 a 和正面投影 a' 的连线（投影联系线）垂直于投影轴 OX，即 $\overline{aa'} \perp OX$；

（2）点的水平投影到 OX 轴的距离等于空间点到 V 面的距离，点的正面投影到 OX 轴的距离等于空间点到 H 面的距离，即 $|aa_x| = |Aa'|$，$|a'a_x| = |Aa|$。

三、点的三面投影

前章说过，为了表达物体的形状，通常要画出三面投影图。点，做为物体的几何元素，通常也要画出三面投影。

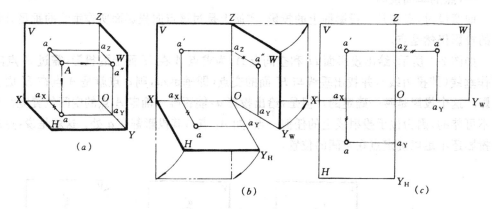

图 2-3　点的三面投影

如图 2-3(a) 所示，给出三个互相垂直的投影面，即水平投影面 H、正立投影面 V 和侧立投影面 W。它们的交线即为投影轴 $O-XYZ$。

为作出空间 A 点在 H、V、W 面上的三个投影，需过 A 点分别向 H、V、W 面作垂线，所得的三个垂足 a、a'、a'' 即为 A 点的三个投影。其中 H 面和 V 面上的投影名称、符号同前，而 W 面上的投影叫侧面投影，用符号 a''（读 a 两撇）表示。

如图 2-3(b) 所示，为把三个投影 a、a'、a'' 表示在同一个平面上，可让 V 面不动，让 H 面绕 OX 轴向下旋转 $90°$，让 W 面绕 OZ 轴向右旋转 $90°$，于是三个投影面就展成了一个平面（这里要注意，旋转后的 OY 轴有两个位置：随 H 面向下旋转为 OY_H，随 W 面向右旋转为 OY_W），得到了如图 2-3(c) 所示的点的三面投影图。其投影规律如下：

（1）点的水平投影 a 和正面投影 a' 的连线（投影联系线）垂直于投影轴 OX，即 $\overline{aa'} \perp OX$；

（2）点的正面投影 a' 和侧面投影 a'' 的连线（投影联系线）垂直于投影轴 OZ，即 $\overline{a'a''} \perp OZ$；

（3）点的侧面投影 a'' 到 OZ 轴的距离等于点的水平投影 a 到 OX 轴的距离（都等于空间点到 V 面的距离），即 $|a''a_z| = |aa_x|(= |Aa'|)$。

图 2-4(a) 表明，在三面投影体系中给出 B、C、D 三个点，这三个点分别位于 H、V、W 三

个投影面上。三个点中每个点都有一个相应的投影与其本身重合,另外两个投影在相应的投影轴上。图 2-4(b)为这三个点的三面投影图(注意,侧面投影 b'' 应位在 W 面的 Y_W 上,水平投影 d 应位在 H 面的 Y_H 上),它们也都符合上述三条投影规律。

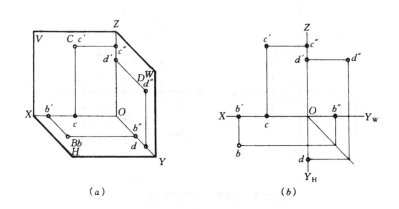

(a)　　　　　　　　　　　(b)

图 2-4　位于投影面上的点及其三面投影

三条投影规律说明了在点的三面投影图中每两个投影都有一定的联系,因此只要任意给出点的两个投影就可以补出第三个投影(即"二补三"作图)。

【例 2-1】　已知 A 点的水平投影 a 和正面投影 a',求侧面投影 a''(图 2-5a)。

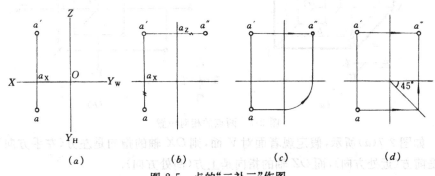

(a)　　　　　(b)　　　　　(c)　　　　　(d)

图 2-5　点的"二补三"作图
(a)已知;(b)作法(一);(c)作法(二);(d)作法(三)

作图(图 2-5b):

(1)过 a' 作 OZ 轴的垂线(投影联系线);

(2)在所作的垂线上截取 $a''a_z=aa_x$,即得所求的 a''。

作图中为使 $a''a_z=aa_x$,也可以用 1/4 圆弧将 aa_x 转向 $a''a_z$(见图 2-5c),还可以用 45°辅助斜线将 aa_x 转向 $a''a_z$(见图 2-5d)。

投影作图中,投影面的边框线不起任何作用,可以不画;投影面符号 H、V、W 也可以不写。

【例 2-2】　已知 B、C、D 三点每个点的其中两个投影,补求第三个投影(图 2-6a)。

作图过程如图 2-6(b)中箭头所示,不再细述。

四、两点的相对位置、重影点

两点的相对位置是指两点间左右、前后、上下的位置关系。在投影图上判别两点的相对位置是读图中的重要问题。

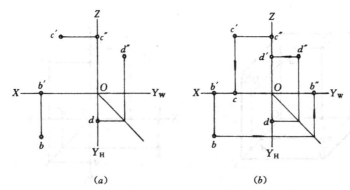

图 2-6 点的"二补三"作图

(a)已知；(b)作图

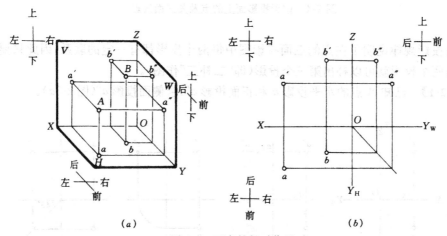

图 2-7 两点的相对位置

如图 2-7(a)所示，假定观者面对 V 面，则 OX 轴的指向是左方（左手方向），OY 轴的指向是前方（近处方向），而 OZ 轴的指向是上方（高处方向）。

看投影图也一样，如图 2-7(b)所示。

看水平投影，OX 轴指向是左方，OY_H 轴指向是前方；

看正面投影，OX 轴指向是左方，OZ 轴指向是上方；

看侧面投影，OY_W 轴指向是前方，OZ 轴指向是上方。

在图 2-7(b)中，根据 A、B 两点的三面投影，可以判断它们之间的相对位置是：A 点在左，B 点在右；A 点在前，B 点在后；A 点在下，B 点在上。

如果空间两个点在某一投影面上的投影重合，那么这两个点就叫做对于该投影面的重影点。如表 2-1 所示。

水平投影重合的两个点，叫水平重影点；

正面投影重合的两个点，叫正面重影点；

侧面投影重合的两个点，叫侧面重影点。

	直 观 图	投 影 图	投 影 特 性
水平重影点	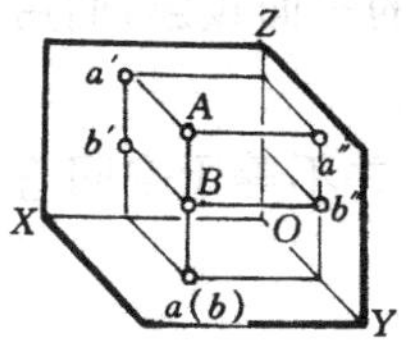	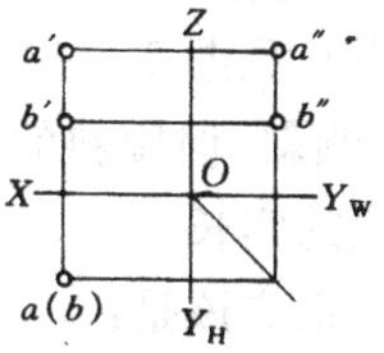	1. 正面投影和侧面投影反映两点的上下位置 2. 水平投影重合为一点，上面一点可见，下面一点不可见
正面重影点	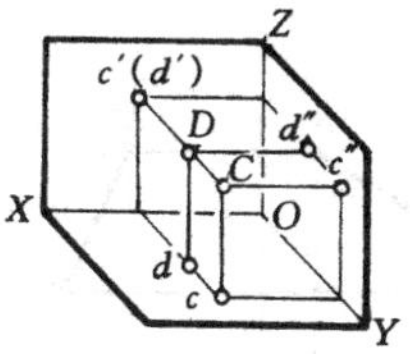	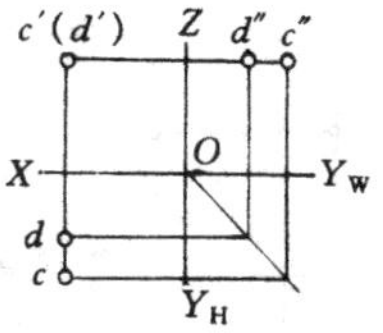	1. 水平投影和侧面投影反映两点的前后位置 2. 正面投影重合为一点，前面一点可见，后面一点不可见
侧面重影点	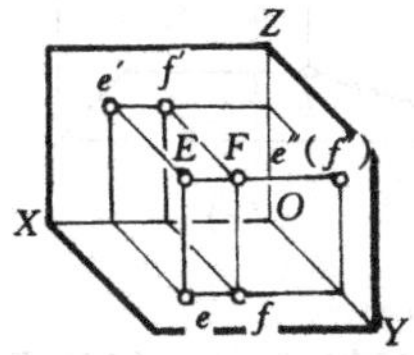	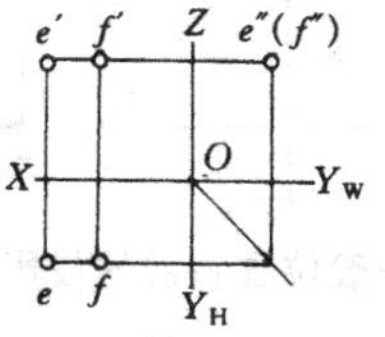	1. 水平投影和正面投影反映两点的左右位置 2. 侧面投影重合为一点，左面一点可见，右面一点不可见

　　显然，出现两个点投影重合的原因是两个点位于同一条投射线上。假定观者沿投射线方向去观察两点，则势必会有一点看得见，另一点看不见，这就是重影点的可见性问题。在投影图上判别重影点的可见性，也是读图中的重要问题。

　　重影点可见性的判别方法是：

　　对水平重影点，观者从上向下看，上面一点看得见，下面一点看不见（上下位置可从正面投影中看出）；

　　对正面重影点，观者从前向后看，前面一点看得见，后面一点看不见（前后位置可从水平投影中看出）；

　　对侧面重影点，观者从左向右看，左面一点看得见，右面一点看不见（左右位置可从正面投影中看出）。

　　在投影图上判别重影点的可见性时，要求把看不见的点的投影符号用括号括起来。

第二节　直线的投影

　　直线常用线段的形式来表示。在不强调线段本身的长度时，也常把线段叫成直线。根据直线与投影面的相对位置，可把直线分为一般位置直线和特殊位置直线。

一、一般位置直线

与三个投影面都倾斜的直线叫一般位置直线。如图 2-8(a) 所示，一般位置线段 AB 与三个投影面 H、V、W 都倾斜，倾斜角度分别为 α、β、γ。

因为一般位置直线的投影仍是直线（单面投影是这样，三面投影也是这样），两点可以定直线，所以要作出线段 AB 的三面投影，可以先作出端点 A、B 的三面投影，而后再用直线连接端点的同面投影（同一个投影面上的投影），见图 2-8(b)、(c)。

一般位置直线的三面投影与投影轴都倾斜，但倾斜的角度并不等于空间直线与投影面的倾角，三个投影的长度也不等于空间线段的实长。

三个投影的长度与实长、三个倾角的关系应该是：

$$|ab| = |AB| \cdot \cos\alpha, \qquad |a'b'| = |AB| \cdot \cos\beta, \qquad |a''b''| = |AB| \cdot \cos\gamma。$$

可见，线段的投影小于线段的实长。

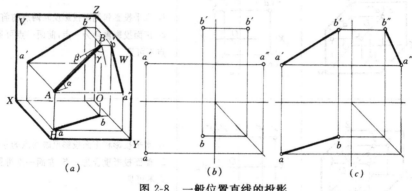

图 2-8　一般位置直线的投影

根据直线在空间的趋势，可将一般位置直线分做上行线和下行线。上行线是从前向后，从低到高，呈上升趋势；下行线是从前向后，从高到低，呈下降趋势。

在投影图上，上行线的水平投影和正面投影都往一个方向倾斜；而下行线的水平投影和正面投影分别往两个方向倾斜。在图 2-8(c) 中，可以判断线段 AB 是上行线(ab 和 a'b' 都往右上方倾斜)。

同点的"二补三"作图一样，给出线段的任意两个投影也可以补出第三个投影。

二、特殊位置直线

与某一个投影面平行或垂直的直线叫特殊位置直线，它包括投影面平行线和投影面垂直线两种。

（一）投影面平行线

与一个投影面平行（与另外两个投影面倾斜）的直线叫投影面平行线，其中：

与水平投影面平行的直线叫水平线；

与正立投影面平行的直线叫正平线；

与侧立投影面平行的直线叫侧平线。

表 2-2 列出了这三种直线的直观图和三面投影图，从中可以归纳出投影面平行线的投影特性：

（1）直线在它平行的投影面上的投影反映线段的实长（显实性），并且这个实长投影与投影轴的夹角反映直线与相应投影面的倾角；

（2）直线的其它两个投影平行于相应的投影轴，而且都小于线段的实长。

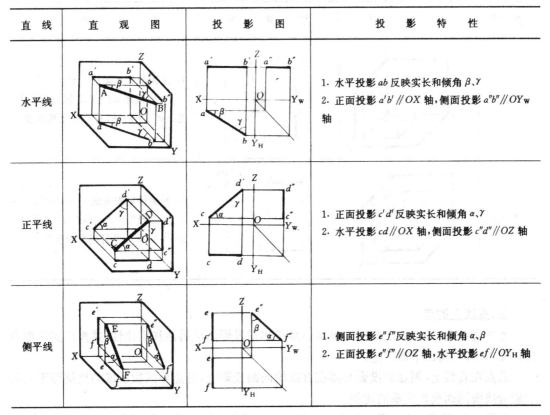

直 线	直 观 图	投 影 图	投 影 特 性
水平线			1．水平投影 ab 反映实长和倾角 β、γ 2．正面投影 a'b' // OX 轴,侧面投影 a"b" // OYw 轴
正平线			1．正面投影 c'd' 反映实长和倾角 α、γ 2．水平投影 cd // OX 轴,侧面投影 c"d" // OZ 轴
侧平线			1．侧面投影 e"f" 反映实长和倾角 α、β 2．正面投影 e"f" // OZ 轴,水平投影 ef // OYH 轴

（二）投影面垂直线

与一个投影面垂直（必然与另外两个投影面平行）的直线叫投影面垂直线,其中:

与水平投影面垂直的直线叫铅垂线;

与正立投影面垂直的直线叫正垂线;

与侧立投影面垂直的直线叫侧垂线。

表 2-3 中列出了这三种直线的直观图和三面投影图,从中可以归纳出投影面垂直线的投影特性:

（1）直线在它垂直的投影面上的投影积聚成一点（积聚性）;

（2）直线的其它两个投影垂直于相应的投影轴,并且反映线段的实长（显实性）。

直 线	直 观 图	投 影 图	投 影 特 性
铅垂线			1．水平投影积聚成一点 a(b) 2．正面投影 a'b' ⊥ OX 轴,侧面投影 a"b" ⊥ OYw 轴,并且都反映实长

直 线	直 观 图	投 影 图	投 影 特 性
正垂线			1. 正面投影积聚成一点 $c'(b')$ 2. 水平投影 $cd \perp OX$ 轴,侧面投影 $c''d'' \perp OZ$ 轴,并且都反映实长
侧垂线			1. 侧面投影积聚成一点 $e''(f'')$ 2. 正面投影 $e'f' \perp OZ$ 轴,水平投影 $ef \perp OY_H$,并且均反映实长

三、直线上的点

点在直线上,即点属于直线。根据前章所述正投影的从属性和定比性,并推广到三面投影体系中,即可得出下面结论:

若点在直线上,则点的投影必落在直线的同面投影上,且点分线段所成的比例等于点的投影分线段同面投影所成的比例。

如图 2-9,若 $C \in AB$,则 $c \in ab$, $c' \in a'b'$, $c'' \in a''b''$; 且 $AC:CB=ac:cb=a'c':c'b'=a''c'':c''b''$。

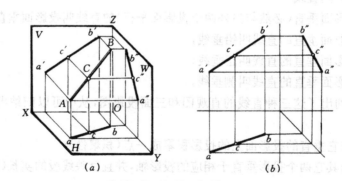

(a)   (b)

图 2-9 直线上的点

【例 2-3】 已知 C 点在正平线 AB 上,且 $AC=15mm$,求 C 点的两面投影(图 2-10)。

作图:

(1)在直线的正面投影(实长投影)$a'b'$ 上截取 $a'c'=15mm$,得 c' 点;

(2)自 c' 向下引联系线,在直线的水平投影 ab 上找到 c 点。

【例 2-4】 已知 K 点在侧平线 MN 上,试根据正面投影 k' 求水平投影 k(图 2-11)。

作图:

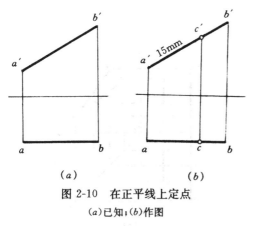

图 2-10　在正平线上定点
(a)已知;(b)作图

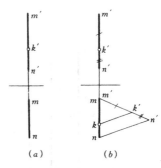

图 2-11　在侧平线上定点
(a)已知;(b)作图

用定比法将水平投影分成与正面投影成相同的比例,即 $\dfrac{mk}{kn}=\dfrac{m'k'}{k'n'}$,得水平投影 k(图中表明了分定比的几何作图方法)。

本题亦可利用侧面投影求解,请读者自行完成作图。

四、两直线的相对位置

两直线在空间的相对位置有三种:平行、相交和交错。下面讨论它们的投影特性。

(一)两直线平行

根据前章所述正投影的平行性,并把这一性质扩展到三面投影体系中,即可得出下面结论:

(1)两平行直线的同面投影平行;

(2)两平行线段的长度之比等于同面投影的长度之比。

见图 2-12,若 $AB/\!/CD$,则 $ab/\!/cd$,$a'b'/\!/c'd'$,且 $\dfrac{AB}{CD}=\dfrac{ab}{cd}=\dfrac{a'b'}{c'd'}$。

如果补出侧面投影,也一定是 $a''b''/\!/c''d''$,且 $\dfrac{AB}{CD}=\dfrac{a''b''}{c''d''}$。

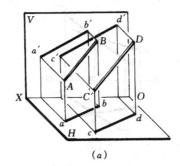

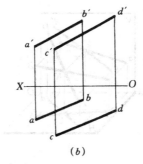

图 2-12　两平行直线的投影

在投影图上,若判别两直线是否平行,一般只要看它们的正面投影和水平投影是否平行就可以了;但对于侧平线则例外,因为不管两侧平线在空间是否平行,它们的正面投影和水平投影总是平行的(如图 2-13a)。

要想判断两侧平线是否平行,可以补出它们的侧面投影,再看侧面投影是否平行;或者当它们的方向趋势一致时(同是上行或下行),看正面投影的比例和水平投影的比例是否相等就可以了。如图 2-13(b)所示,两侧平线是不平行的。

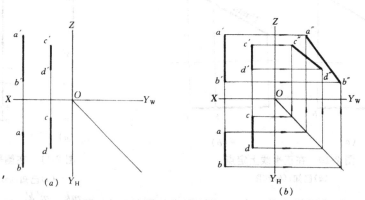

图 2-13　判断两侧平线是否平行

(a)已知；(b)判断

(二)两直线相交

两直线相交必有一个交点，交点是两直线的公共点。根据前章所述正投影的从属性和定比性，并把这些性质扩展到三面投影体系中，即可得出下面结论：

(1)两相交直线的同面投影必定相交，且投影的交点就是交点的投影（投影交点的连线必垂直于相应的投影轴）；

(2)交点分线段所成的比例等于交点的投影分线段同面投影所成的比例。

见图 2-14，若 $AB \cap CD$，K 为交点，则 $ab \cap cd$，$a'b' \cap c'd'(kk' \perp OX)$；且 $\dfrac{AK}{KB}=\dfrac{ak}{kb}=\dfrac{a'k'}{k'b'}$，$\dfrac{CK}{KD}=\dfrac{ck}{kd}=\dfrac{c'k'}{k'd'}$。

如果补出侧面投影，也一定是 $a''b'' \cap c''d''(k'k'' \perp OZ)$，且 $\dfrac{AK}{KB}=\dfrac{a''k''}{k''b''}$，$\dfrac{CK}{KD}=\dfrac{c''k''}{k''d''}$。

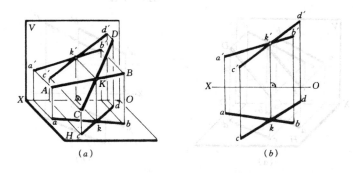

图 2-14　两相交直线的投影

一般来说，若判断两直线是否相交，只要看它们的水平投影和正面投影是否相交，且投影交点的连线是否垂直于 OX 轴就可以了；但对于两直线中有一条是侧平线时例外，因为在这种情况下，不管两直线在空间是否相交，它们的正面投影和水平投影也总是相交的，而且交点的连线也总是垂直于 OX 轴。

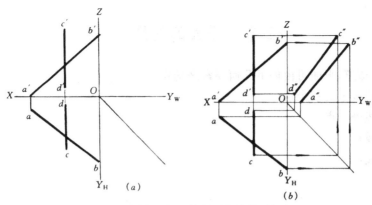

图 2-15　判断两直线是否相交

(a)已知；　(b)判断

要想判断直线和侧平线是否相交,可以作出它们的侧面投影,如果侧面投影也相交,且侧面投影的交点和正面投影的交点连线垂直于 OZ 轴,则两直线是相交的,否则不相交。如图 2-15 所示,两直线是不相交的(请读者考虑一下,如果不作出侧面投影,还可以用什么方法来判断)。

(三)两直线交错

空间既不平行又不相交的两直线为交错直线。因为交错直线是不共面的,所以也叫异面直线。交错直线的同面投影一般也都相交,但同面投影的交点并非是空间一个点的投影,因此投影交点的连线不垂直于投影轴。这是交错直线的投影与相交直线的投影之间的区别。

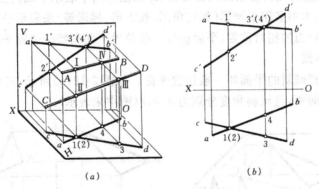

图 2-16　两交错直线的投影

事实上,两交错直线投影的交点,是空间两个点的投影,是位于同一条投射线上而又分属于两条直线的一对重影点(见图 2-16a)。

在图 2-16(b)中,两交错直线水平投影的交点是一对水平重影点,是位于两条直线上的 I 点和 II 点的水平投影。自1(2)向上引联系线可在两直线的正面投影上找到它们的正面投影 1′、2′。比较 1′和 2′可知位于 AB 直线上的 I 点在上,位于 CD 直线上的 II 点在下。因此,沿着投影方向从上向下看时,1 点看得见,(2)点看不见。

同样,两交错直线正面投影的交点是一对正面重影点,是位在两条直线上的 III 点和 IV 点的正面投影。自 3′(4′)向下引联系线可在两直线的水平投影上找到它们的水平投影 3 和 4。比较 3 和 4 可知位于 CD 直线上的 III 点在前,位于 AB 直线上的 IV 点在后。因此,沿着投射

17

方向从前向后看时,3′看得见,(4′)看不见。

第三节　平面的投影

从平面几何中知道,平面可由如下几何要素来确定:
(1)不在同一直线上的三个点;
(2)一直线和线外一点;
(3)两平行直线;
(4)两相交直线;
(5)平面形。

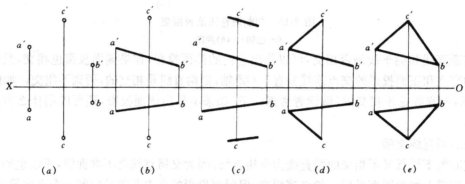

图 2-17　平面的表示法

图 2-17 是这些几何要素的两面投影,即画法几何中表示平面的五种方法。这五种方法可以互相转化,本书多用平面形(如三角形、长方形、梯形等)来表示平面。

根据平面与投影面的相对位置,平面也分一般位置平面和特殊位置平面。

一、一般位置平面

与三个投影面都倾斜的平面叫一般位置平面。如图 2-18(a)所示,三角形 ABC 与三个投影面 H、V、W 都倾斜,且倾斜角度分别为 α、β、γ(图中未表示)。

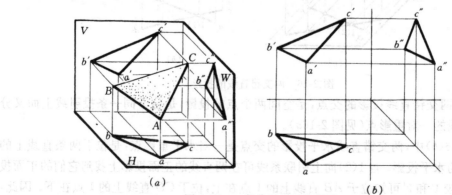

图 2-18　一般位置平面的投影

为了作出三角形的三个投影,可先作出三个顶点 A、B、C 的三个投影,然后再把同面投影连成三角形,见图 2-18(b)。

由于三角形平面与三个投影面都倾斜,因此三角形的三个投影均不反映实形。平面与投

18

影面的倾角越大,投影越小;倾角越小,投影越大。平面形的三个投影应该是三个类似形(边数相等)。

根据平面在空间的趋势,可将一般位置平面分做上行面和下行面。上行面是从前向后,从低到高,呈上升趋势;下行面是从前向后,从高到低,呈下降趋势。

在投影图上,上行面的水平投影和正面投影的符号顺序一致;下行面的水平投影和正面投影的符号顺序相反。图 2-18 所示三角形平面是上行面(abc 和 $a'b'c'$ 都是顺时针方向,符号顺序一致)。

同点和直线一样,给出平面的任意两个投影,可以补出它的第三个投影。

二、特殊位置平面

与投影面垂直或平行的平面叫特殊位置平面。它包括投影面垂直面和投影面平行面两种。

（一）投影面垂直面

与一个投影面垂直(与另外两个投影面倾斜)的平面叫投影面垂直面,其中:

与水平投影面垂直的平面叫铅垂面;

与正立投影面垂直的平面叫正垂面;

与侧立投影面垂直的平面叫侧垂面。

投 影 面 的 垂 直 面   表 2-4

平面	直观图	投影图	投影特性
铅垂面			1. 水平投影 p 积聚成直线,并反映平面的倾角 β 和 γ 2. 正面投影 p' 和侧面投影 p'' 不反映实形
正垂面			1. 正面投影 q' 积聚成直线,并反映平面的倾角 α 和 γ 2. 水平投影 q 和侧面投影 q'' 不反映实形
侧垂面			1. 侧面投影 r'' 积聚成直线,并反映平面的倾角 α 和 β 2. 水平投影 r 和正面投影 r' 不反映实形

表 2-4 列出了这三种平面的直观图和三面投影图,从中可以归纳出投影面垂直面的投影特性:

（1）平面在它垂直的投影面上的投影积聚成线段（积聚性），并且该投影与投影轴的夹角等于该平面与相应投影面的倾角（图中 α、β、γ 分别表示平面与投影面 H、V、W 的倾角）；

（2）平面的其它两个投影都小于实形。

（二）投影面平行面

与一个投影面平行（必然与另外两个投影面垂直）的平面叫投影面平行面，其中：

与水平投影面平行的平面叫水平面；

与正立投影面平行的平面叫正平面；

与侧立投影面平行的平面叫侧平面。

投影面的平行面   表 2-5

平面	直观图	投影图	投影特性
水平面	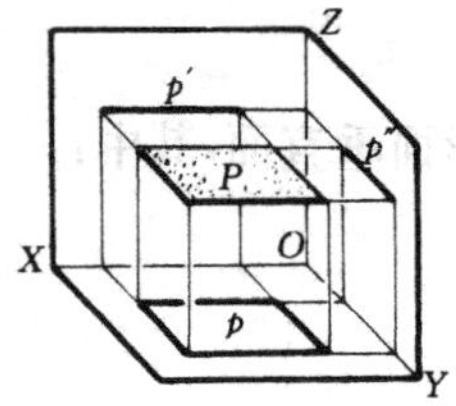	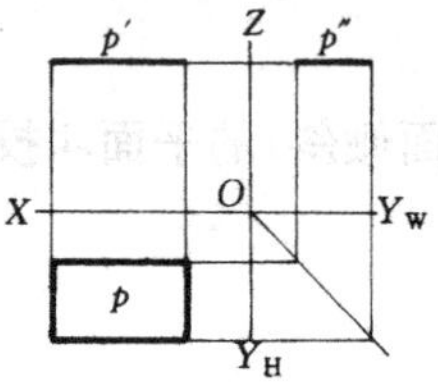	1. 水平投影 p 反映实形 2. 正面投影 p' 积聚成直线，且 $p'/\!/OX$ 轴，侧面投影 p'' 积聚成直线，且 $p''/\!/OY_W$
正平面	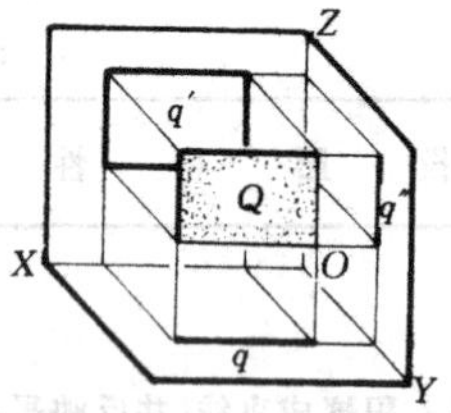	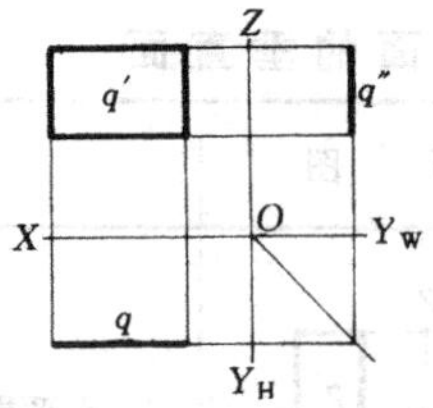	1. 正面投影 q' 反映实形 2. 水平投影 q 积聚成直线，且 $q/\!/OX$ 轴，侧面投影 q'' 积聚成直线，且 $q''/\!/OZ$ 轴
侧平面	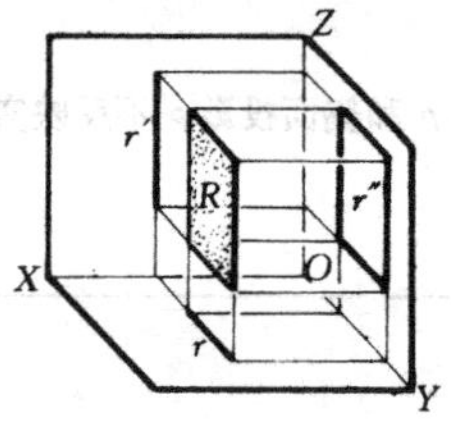	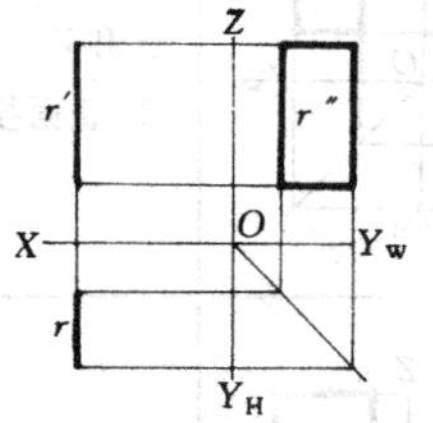	1. 侧面投影 r'' 反映实形 2. 水平投影 r 积聚成直线，且 $r/\!/OY_H$ 轴，正面投影 r' 积聚成直线，且 $r'/\!/OZ$ 轴

表 2-5 列出了这三种平面的直观图和三面投影图，从中可以归纳出投影面平行面的投影特性：

（1）平面在它平行的投影面上的投影反映实形（显实性）；

（2）平面的其它两个投影积聚成线段（积聚性），并且平行于相应的投影轴。

三、平面上的直线和点

从平面几何中知道，直线在平面上的几何条件是：

直线过平面上的两个已知点，或者直线过平面上的一个已知点并且平行于平面上的一条已知直线。

如图 2-19（a），$\because A$、$E \subset ABCD$，$\therefore AE \subset ABCD$；$\because E \subset ABCD$，且 $EF /\!/ CD$，$\therefore EF \subset ABCD$。

点在平面上的几何条件是：

点位于平面内的一条已知直线上。

如图 2-19(a)，$\because M\in AE$，且 $AE\subset ABCD$，$\therefore M\subset ABCD$；

同样地，$\because N\in EF$，且 $EF\subset ABCD$，$\therefore N\subset ABCD$。

从第二节的讨论中已经知道，点和直线的从属关系、二直线的平行关系和相交关系投影之后保持不变，因此可以从投影图 2-19(b)中断定 M 点和 N 点是 $ABCD$ 平面上的两个点。

上述几何条件和投影性质是我们在平面上画线、定点的作图依据。

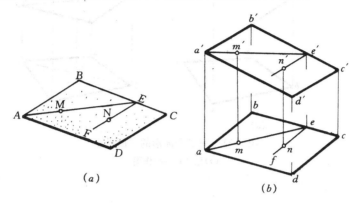

图 2-19　平面上的直线和点

【例 2-5】　已知 ABC 平面上 M 点的正面投影 m'，求它的水平投影 m（图 2-20(a)）。

作法（一），图 2-20(b)：

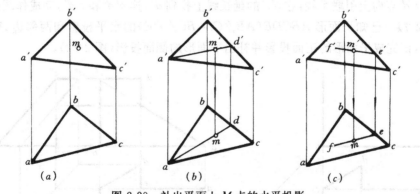

图 2-20　补出平面上 M 点的水平投影
(a)已知；　(b)作法（一）；　(c)作法（二）

(1)在正面投影上过 a' 和 m' 作辅助线 $a'm'$，并延长与 $b'c'$ 相交于 d'；

(2)自 d' 向下引联系线，与 bc 相交于 d，连 ad；

(3)自 m' 向下引联系线，与 ad 相交于 m。

作法（二），图 2-20(c)：

(1)过 m' 作辅助线 $e'f'$，使 $e'f'\ /\!/\ a'c'$；并与 $b'c'$ 相交于 e'；

(2)自 e' 向下引联系线，与 bc 相交于 e，作 $ef\ /\!/\ ac$；

(3)自 m' 向下引联系线，与 ef 相交于 m。

作图过程中投影轴不起作用，不必画出。

【例 2-6】　已知平面形 $ABCD$ 的水平投影 $abcd$ 和两邻边 AB、BC 的正面投影 $a'b'$、b'

c',试完成四边形的正面投影(图 2-21)。

分析:D 点是四边形平面的一个顶点,对角线 AC、BD 是相交二直线,用对角线作为辅助线可以找到 D 点,而后再连 AD 和 CD 即可完成作图。

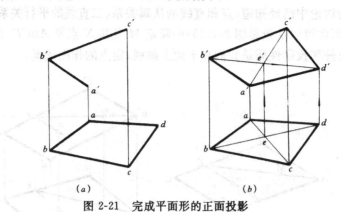

图 2-21 完成平面形的正面投影

(a)已知; (b)作图

作图:

(1)连对角线 ac 和 $a'c'$;

(2)连对角线 bd,并与 ac 相交于 e;

(3)自 e 点向上引联系线,在 $a'c'$ 上找到 e',连 $b'e'$;

(4)自 d 点向上引联系线,在 $b'e'$ 的延长线上找到 d',连 $a'd'$ 和 $c'd'$,完成作图。

【例 2-7】 已知平面形 $ABCDE$($AB/\!/CD$、$BC/\!/DE$)的水平投影和两邻边 AB、BC 的正面投影,试完成平面形的正面投影并补出平面形的侧面投影(图 2-22)。

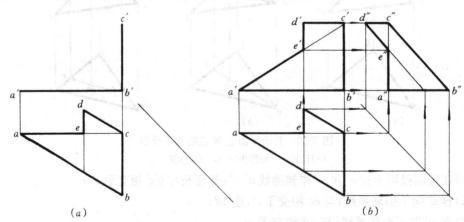

图 2-22 完成平面形的正面投影和侧面投影

(a)已知; (b)作图

分析:从给出的水平投影中可以看出 $AB/\!/CD$、$BC/\!/DE$,且 AEC 为一条直线,这些几何条件在正面投影上和侧面投影上均应保持不变。

作图:

(1)连 $a'c'$,自 e 点向上引联系线并在 $a'c'$ 上找到 e';

(2)作 $c'd'/\!/a'b'$,$d'e'/\!/b'c'$,且相交于 d',完成正面投影作图;

22

(3)根据水平投影和正面投影进行"二补三"作图,完成侧面投影(先找点、后连线,注意 $a''b'' /\!/ c''d''$、$b''c'' /\!/ d''e''$、$a''e''c''$ 在一条线上)。

【例2-8】 已知梯形平面上三角形的正面投影,求它的侧面投影和水平投影(图2-23)。

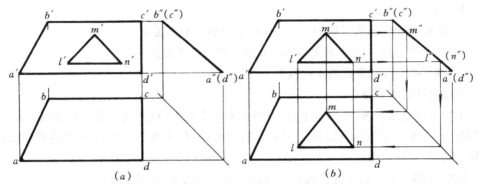

图2-23 补出梯形平面上三角形的侧面投影和水平投影
(a)已知; (b)作图

分析:梯形平面为侧垂面,侧面投影有积聚性。

作图:利用积聚性在梯形平面的积聚投影上找到三角形的侧面投影 $l''m''n''$,再用"二补三"作图找到三角形的水平投影 lmn(如图中箭头所示)。

四、直线与平面相交、两平面相交

(一)直线与平面相交

直线与平面相交有一个交点,交点是公共点,它既在直线上又在平面上,具有双重的从属关系。交点的这种性质是求交点的依据。

当直线和平面的投影给出之后,需要在投影图上求出交点的投影。

在投影作图中,如果给出的直线或平面其投影有积聚性,则利用积聚性可以直接确定交点的一个投影,而后再利用线上定点或面上定点的方法求出交点的第二个投影。

直线与平面相交以后,直线便从平面的一侧到了平面的另一侧(以交点为分界)。假定平面是不透明的,则沿投射方向观察直线时,位于平面两侧的直线,势必一侧直线看得见,另一侧直线看不见(被平面遮住)。在作图时,要求把看得见的直线画成粗实线,把看不见的直线画成虚线。

【例2-9】 已知铅垂线 EF 和一般面 ABC 相交,求它们的交点 M(图2-24)。

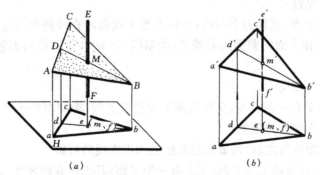

图2-24 求铅垂线与一般面的交点
(a)分析; (b)作图

分析:因为铅垂线的水平投影有积聚性,所以位在铅垂线上的交点其水平投影必然与铅垂线的积聚投影重合。交点的水平投影位置确定之后,就可以利用面上定点的方法求出位在平面上的交点的正面投影。

作图:

(1)在铅垂线的积聚投影 $e(f)$ 上,标出交点的水平投影 m;

(2)在平面上过 m 点引辅助线 bd,并作出它的正面投影 $b'd'$;

(3)在 $b'd'$ 上找到交点的正面投影 m'。

判别直线的可见性:

因为直线是铅垂线,平面是上行面,所以看水平投影(从上向下看),直线积聚成一点;看正面投影(从前向后看),直线的上段 $e'm'$ 看得见(用粗线表示),下段 $m'f'$ 被平面遮挡的部分看不见(用虚线表示)。

【例 2-10】 求一般位置直线 AB 与铅垂面 P 的交点 M(图 2-25)。

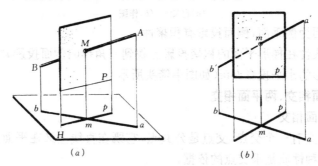

图 2-25 求一般线和特殊面的交点

(a)分析; (b)作图

分析:因为铅垂面的水平投影有积聚性,所以位在铅垂面上和直线上的交点其水平投影必然位在铅垂面的积聚投影和直线的水平投影的交点处,其正面投影可用线上定点的方法找到。

作图:

(1)在直线的水平投影 ab 和平面的积聚投影 p 的交点处标出交点的水平投影 m;

(2)自 m 向上引联系线,在 $a'b'$ 上找到交点的正面投影 m'。

判别直线的可见性:

因为平面为铅垂面,直线为下行线,所以看水平投影时直线都看得见(未被平面遮挡);看正面投影时 $a'm'$ 在平面的前面为看得见(画粗线),$b'm'$ 在平面的后面被平面遮挡的那段为看不见(画虚线)。

(二)平面与平面相交

平面与平面相交有一条交线,交线是两平面的公共线,即同时位于两个平面上的直线。交线的这种性质是求交线的依据。

当两平面的投影给出之后,需要在投影图上求出交线的投影。

在投影作图中,如果给出的平面(至少有一个平面)其投影有积聚性,则利用积聚性可以直接确定交线的一个投影,而后再用面上画线的方法求出交线的第二个投影。

两平面相交以后,假定两个平面都是不透明的,则它们必定互相遮挡,而且不管对哪个平面来说，都是以交线为分界，被遮挡的部分看不见，未被遮挡的部分看得见。

作图时，建议用两种颜色（或两种纹样）做为两个平面的标志，把两个平面的可见部分分别用两种标志表示出来。

【例 2-11】 求一般位置平面 ABC 和铅垂面 P 的交线 MN（图 2-26）。

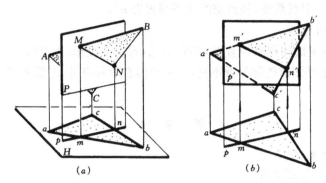

图 2-26　求一般面与特殊面的交线

(a)分析；　(b)作图

分析：因为铅垂面的水平投影有积聚性，所以位于铅垂面上的交线其水平投影必定积聚在铅垂面的积聚投影上；交线的正面投影可用一般位置平面上画线的方法作出。

作图：

(1)在铅垂面的积聚投影 p 上标出交线的水平投影 mn（端点 M 和 N 实际上是 AB 边和 BC 边与 P 平面的交点）；

(2)自 m 和 n 分别向上引联系线并在 $a'b'$ 上和 $b'c'$ 上找到它们的正面投影 m' 和 n'（参看图 2-25）；

(3)用直线连接 m' 和 n'，即得交线的正面投影。

判别两平面的可见性：

因为 P 平面为铅垂面，ABC 平面为下行面，所以看水平投影时，P 平面积聚成直线（都看不见），abc 平面都看得见（铅垂面未遮住）；看正面投影时，以交线 $m'n'$ 为分界三角形的 b' $m'n'$ 部分在铅垂面的前面为看得见，三角形的 $a'm'n'c'$ 部分在铅垂面的后面，被铅垂面遮挡的那部分为看不见。

【例 2-12】 求两个铅垂面 P 与 Q 的交线 MN（图 2-27）。

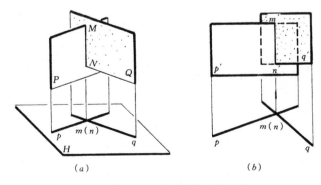

图 2-27　求两特殊面的交线

(a)分析；　(b)作图

分析:两个铅垂面的交线必定是铅垂线,铅垂线的水平投影积聚为一点,并且位于两铅垂面积聚投影的交点处,铅垂线的正面投影垂直于 OX 轴。

作图:

(1)在两铅垂面积聚投影 p 和 q 的交点处标出交线的水平投影 $m(n)$;

(2)自 $m(n)$ 向上引联系线,找到交线的正面投影 $m'n'$。

判别两平面的可见性:

看水平投影,两平面均积聚成直线,都看不见;看正面投影,以交线为分界,P 平面的左面看得见,右面被 Q 平面遮挡部分看不见,Q 平面的右面看得见,左面被 P 平面遮挡部分看不见。

思 考 题

1. 试述点的三面投影规律。

2. 如何进行点的"二补三"作图?

3. 如何判断两点的相对位置?

4. 什么是重影点? 如何判别重影点的可见性?

5. 什么叫上行线、下行线? 怎样在投影图上识别?

6. 试述特殊位置直线的投影特性。

7. 试述直线上点的投影特性。

8. 试述两平行线、两相交线的投影特性。

9. 两相交直线与两交错直线的投影有何区别?

10. 什么叫上行面、下行面? 怎样在投影图上识别?

11. 试述特殊位置平面的投影特性。

12. 怎样在平面上画线、定点?

13. 怎样求直线和平面的交点,并判别直线的可见性?

14. 怎样求两平面的交线,并判别两平面的可见性?

第三章　立体的投影

本章讨论简单的平面立体和曲面立体的投影表示法,以及平面与立体相交——求截交线、立体与立体相交——求相贯线的投影作图方法。

第一节　平面立体的投影

平面立体是由多个多边形平面围成的立体,如棱柱体、棱锥体等。由于平面立体是由平面围成,而平面是由直线围成,直线是由点连成,所以求平面立体的投影实际上就是求点、线、面的投影。在投影图中,不可见的棱线投影用虚线表示。

一、棱柱

(一)投影

棱柱由棱面及上、下底面组成,棱面上各条侧棱互相平行。如图 3-1(a)为三棱柱,上、下底面是水平面(三角形),后棱面是正平面(长方形),左、右两个棱面是铅垂面(长方形)。把三棱柱分别向三个投影面进行正投影,得三面投影图为图 3-1(b)(投影面的边框线和投影轴不需要画出)。

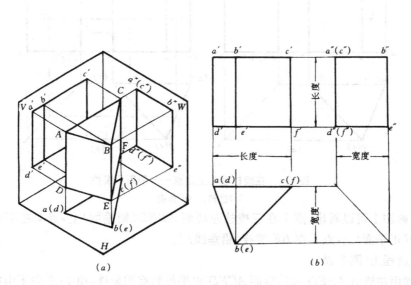

(a)　　　　　　　　　　(b)

图 3-1　三棱柱的投影

(a)直观图;　(b)投影图

分析三面投影图可知:三棱柱的水平投影是一个三角形。它是上底面和下底面的投影(上、下底重影,上底可见、下底不可见),并反映实形。三角形的三条边是垂直于 H 面的三个棱面的积聚投影。三个顶点是垂直于 H 面的三条棱线的积聚投影。

27

正面投影是两个长方形，左边长方形是左棱面的投影（可见），右边长方形是右棱面的投影（可见），这两个投影均不反映实形。两个长方形的外围线框构成的大长方形是后棱面的投影（不可见）反映实形。上、下两条横线是上底面和下底面的积聚投影。三条竖线是三条棱线的投影（反映实长）。

侧面投影是一个长方形，它是左、右两个棱面的重合投影（不反映实形，左面可见、右面不可见）。四条边分别是：左边是后棱面的积聚投影；上、下两条边分别是上、下两底面的积聚投影；右边是左、右两棱面的交线（棱线）的投影。左边同时也是另外两条棱线的投影。

为保证三棱柱的投影对应关系，三面投影图应满足：正面投影和水平投影长度对正，正面投影和侧面投影高度平齐，水平投影和侧面投影宽度相等。这就是三面投影图之间的"三等关系"。

（二）表面上的点

平面立体是由平面围成的，所以平面立体表面上点的投影特性与平面上点的投影特性是相同的，而不同的是平面立体表面上点存在着可见性问题。我们规定处在可见平面上的点为可见点，用"○"（空心圆圈）表示；处在不可见平面上的点为不可见点，用"·"（实心圆圈）表示。

在投影图上，如果给出平面立体表面上点的一个投影，就可以根据点在平面上的投影特性，求出点在其它投影面上的投影。如图3-2(a)所示，已知三棱柱表面上点Ⅰ、Ⅱ和Ⅲ的正面投影1'（可见）、2'（不可见）和3'（可见），可以作出它们的水平投影和侧面投影。

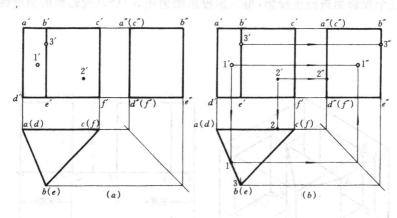

图 3-2　在棱柱表面上定点——利用积聚性

(a)已知；　(b)作图

从投影图上可以看出，点Ⅰ在三棱柱左棱面 ABED（铅垂面）上，点Ⅱ在不可见的后棱面 ACFD（正平面）上，点Ⅲ在 BE 棱线（铅垂线）上。

作图过程为（图3-2b）：

(1)利用左棱面 ABED 和后棱面 ACFD 水平投影有积聚性，由1'、2'向下引投影联系线求出水平投影1、2；利用 BE 棱线水平投影的积聚性，可知水平投影3必落在 BE 的积聚投影上。

(2)通过"二补三"作图求出各点的侧面投影1"、2"和3"。

二、棱锥

（一）投影

棱锥由棱面和一个底面组成，棱面上各条侧棱交于一点，称为锥顶。如图 3-3(a)所示的三棱锥，底面是水平面（△ABC），后棱面是侧垂面（△SAC），左、右两个棱面是一般位置平面（△SAB 和△SBC）。把三棱锥向三个投影面作正投影，得三面投影图为图 3-3(b)。

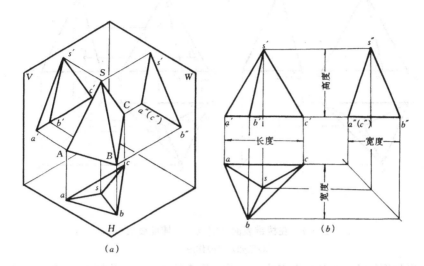

图 3-3　三棱锥的投影
(a)直观图；　(b)投影图

从三面投影图中可以看出：水平投影由四个三角形组成，△sab 是左棱面 SAB 的投影（不反映实形），△sbc 是右棱面 SBC 的投影（不反映实形），△sac 是后棱面 SAC 的投影（不反映实形），△abc 是底面 ABC 的投影（反映实形）。

正面投影由三个三角形组成，△$s'a'b'$ 是左棱面 SAB 的投影（不反映实形），△$s'b'c'$ 是右棱面 SBC 的投影（不反映实形），△$s'a'c'$ 是后棱面 SAC 的投影（不反映实形），下面的一条横线 $a'b'c'$ 是底面 ABC 的投影（有积聚性）。

侧面投影是一个三角形，它是左、右两个棱面的投影（左右重影，不反映实形），左边的一条线 $s''a''(c'')$ 是后棱面的投影（有积聚性），下边的一条线 $a''(c'')b''$ 是底面的投影（有积聚性）。

构成三棱锥的各几何要素（点、线、面）应符合投影规律，三面投影图之间应符合"三等关系"。

（二）表面上的点

在棱锥表面上定点，不像棱柱表面上定点可以根据点所在平面投影的积聚性直接作出，而是需要在所处平面上引辅助线，然后在辅助线上作出点的投影。

如图 3-4(a)所示，已知三棱锥表面上点Ⅰ和Ⅱ的水平投影 1 和 2，要作出它们的正面投影和侧面投影。

从投影图上可知：点Ⅰ在左棱面 SAB 上，点Ⅱ在右棱面 SBC 上。两点均在一般位置平面上，为求它们的正面投影和侧面投影，必须作辅助线才能求出。

作图过程为（图 3-4(b)）：

(1)在水平投影图上，连 s 点和 1 点并延长交于 ab 线段上一点 d，由 d 向上引投影联系线交 $a'b'$ 于点 d'，连 s' 和 d'。

(2)由 1 向上引投影联系线交 $s'd'$ 于 $1'$，由 1 和 $1'$ 确定 $1''$。

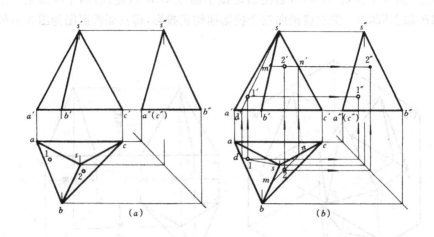

图 3-4　在棱锥表面上定点——辅助线法

(a)已知；　(b)作图

(3)在水平投影图上，过点 2 作直线 mn 平行于直线 bc（m、n 分别在 sb 和 sc 上），过点 n 向上引投影联系线交 $s'c'$ 于 n'，由 n' 作平行于 $b'c'$ 的直线交 $s'b'$ 于 m'。

(4)由 2 向上引投影联系线交 $m'n'$ 于 $2'$，由 2 和 $2'$ 确定 $2''$。

第二节　曲面立体的投影

曲面立体是由曲面或曲面与平面包围而成的立体。工程上应用较多的是回转体，如圆柱、圆锥和球等。

回转体是由回转曲面或回转曲面与平面围成的立体。回转曲面是由运动的母线（直线或曲线）绕着固定的轴线（直线）做回转运动形成的，曲面上任一位置的母线称为素线。

曲面立体的投影是由构成曲面立体的曲面和平面的投影组成的。

一、圆柱

圆柱是由圆柱面和上、下底面围成。圆柱面是一条直线（母线）绕一条与其平行的直线（轴线）回转一周所形成的曲面。

（一）投影

如图 3-5(a)所示，直立的圆柱轴线是铅垂线，上、下底面是水平面。把圆柱向三个投影面作正投影，得三面投影图为图 3-5(b)。

水平投影是一个圆，它是上、下底面的重合投影（反映实形），圆周又是圆柱面的投影（有积聚性），圆心是轴线的积聚投影。过圆心的两条（横向与竖向）点划线是圆的对称中心线。

正面投影是一个矩形线框，它是前半个圆柱面和后半个圆柱面的重合投影，中间的一条竖直点划线是轴线的投影，上、下两条横线是上、下两个底面的积聚投影，左、右两条竖线是圆柱面上最左和最右两条轮廓素线 AA 和 BB 的投影，这两条轮廓素线的水平投影分别积

30

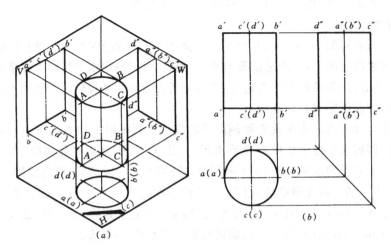

图 3-5　圆柱的投影

(a)直观图；　(b)投影图

聚为两个点$a(a)$和$b(b)$，侧面投影与轴线的侧面投影重合。

侧面投影也是一个与正面投影相同的矩形线框，它是左半个圆柱面和右半个圆柱面的重合投影，中间的一条点划线是轴线的侧面投影，上、下两条横线是上、下两个底面的积聚投影，左、右两条竖线是圆柱面上最前和最后两条轮廓素线CC和DD的投影，这两条轮廓素线的水平投影分别积聚为两个点$c(c)$和$d(d)$，正面投影与轴线的正面投影重合。

(二)表面上的点和线

在圆柱表面上定点，可以利用圆柱表面投影的积聚性来作图。

如图 3-6 所示，已知圆柱的三面投影及其表面上过Ⅰ、Ⅱ、Ⅲ、Ⅳ点的曲线ⅠⅡⅢⅣ的正面投影$1'2'3'4'$，求该曲线的水平投影和侧面投影。

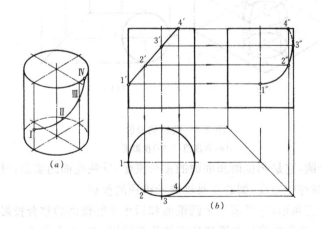

图 3-6　圆柱表面上的点和线

(a)直观图；　(b)投影图

点Ⅰ、Ⅱ、Ⅲ、Ⅳ及曲线ⅠⅡⅢⅣ都在圆柱面上,因此,可以利用圆柱面水平投影的积聚性,先作出水平投影,然后再用"二补三"作图作出侧面投影。

作图过程为:

(1)从正面投影可知Ⅰ、Ⅱ、Ⅲ、Ⅳ点都位于前半个圆柱面上,Ⅰ点是最左轮廓素线上的点,Ⅲ点是最前素线上的点,Ⅳ点是顶圆上的点,因此,可以确定水平投影1在横向点划线与圆周的左面交点处,侧面投影1″在点划线上(与轴线重合),水平投影3在竖向点划线与圆周的前面交点处,侧面投影3″在轮廓线上。

(2)为求Ⅱ点和Ⅳ点的水平投影和侧面投影需从正面投影2′和4′向下引联系线并与前半个圆周相交,即得水平投影2和4,然后再用"二补三"作图,确定其侧面投影2″和4″。

(3)曲线ⅠⅡⅢⅣ的水平投影1234是积聚在圆周上的一段圆弧。侧面投影1″2″3″4″是连接1″、2″、3″、4″各点的一段光滑曲线,因为Ⅰ、Ⅱ两点在左半个圆柱面上,Ⅳ点在右半个圆柱面上,Ⅲ点在左半个和右半个圆柱面的分界线(侧面投影轮廓素线)上,所以曲线ⅠⅡⅢ一段侧面投影1″2″3″可见,连实线,ⅢⅣ一段侧面投影3″4″不可见,连虚线。

二、圆锥

圆锥是由圆锥面和底面围成。圆锥面是一条直线(母线)绕一条与其相交的直线(轴线)回转一周所形成的曲面。

(一)投影

如图3-7(a)所示,圆锥的轴线是铅垂线,底面是水平面,其三面投影如图3-7(b)所示。

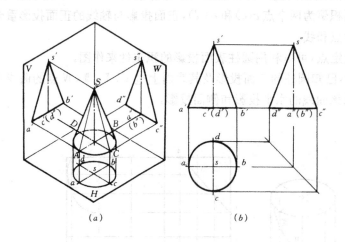

图 3-7　圆锥的投影
(a)直观图;　(b)投影图

水平投影是一个圆,它是圆锥面和底面的重合投影,反映底面的实形,过圆心的两条(横向与竖向)点划线是对称中心线,圆心还是轴线和锥顶的投影。

正面投影是一个三角形,它是前半个圆锥面和后半个圆锥面的重合投影,中间竖直的点划线是轴线的投影,三角形的底边是圆锥底面的积聚投影,左、右两条边 $s'a'$ 和 $s'b'$ 是圆锥最左、最右两条轮廓素线 SA 和 SB 的投影(SA 和 SB 的水平投影重合在横向点划线上,即 sa 和 sb ,侧面投影重合在轴线的侧面投影上,即 $s''a''(b'')$)。

侧面投影也是一个三角形,它是左半个圆锥面和右半个圆锥面的重合投影,中间竖直的点划线是轴线的侧面投影，三角形底边是底面的投影，两条边线 $s''c''$ 和 $s''d''$ 是最前和最后两条轮廓素线 SC 和 SD 的投影（SC 和 SD 的水平投影位于竖向的点划线上，即 sc 和 sd，正面投影重合在轴线的正面投影上，即 $s'c'(d')$。

（二）表面上的点和线

圆锥面上的任意一条素线都过圆锥顶点，母线上任意一点的运动轨迹都是圆。圆锥面的三个投影都没有积聚性，因此在圆锥表面上定点时，必须用辅助线作图，用素线作为辅助线作图的方法，称为素线法，用垂直于轴线的圆作为辅助线作图的方法，称为纬圆法。

如图 3-8 所示，已知圆锥表面上 I、II、III、IV 四个点的正面投影 $1'$、$2'$、$3'$、$4'$，以及曲线 I II III 的正面投影 $1'2'3'$，求作它们的水平投影和侧面投影。

点 I、II、III、IV 及曲线 I II III 都在圆锥面上，I 点在圆锥面最左边轮廓素线上，III 点在底圆上，这两个点是圆锥面上的特殊点，可以通过引投影联系线直接确定其水平投影和侧面投影。II 点和 IV 点是圆锥面上的一般点，可以用素线法或纬圆法确定其水平投影和侧面投影。

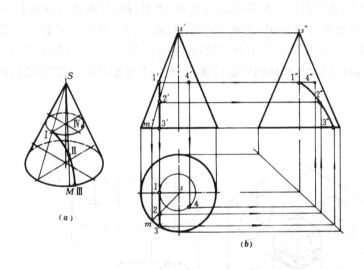

图 3-8　圆锥表面上的点和线
(a)直观图；　(b)投影图

作图过程为：

（1）I 点位于圆锥面最左边轮廓素线上，所以它的水平投影 1 应为自 $1'$ 向下引联系线与点划线的交点（可见），侧面投影 $1''$ 应为自 $1'$ 向右引联系线与点划线的交点（与轴线重影，可见）。

III 点是底圆前半个圆周上的点，水平投影 3 应为自 $3'$ 向下引联系线与前半个圆周的交点（可见），利用"二补三"作图确定其侧面投影 $3''$（可见）。

（2）用素线法作点 II 投影的作图方法是：

连 s' 和 $2'$ 延长交底圆于 m'，然后自 m' 向下引联系线交底圆前半个圆周于 m，连 sm，最后由 $2'$ 向下引联系线与 sm 相交，交点即为 II 点的水平投影 2（可见）。II 点的侧面投影 $2''$ 可用"二补三"作图求得（可见）。

33

(3)用纬圆法作点Ⅳ投影的作图方法为：

过4′点作直线垂直于点划线，与轮廓素线的两个交点之间的线段就是过Ⅳ点纬圆的正面投影，在水平投影上，以底圆中心为圆心，以纬圆正面投影的线段长度为直径画圆，这个圆就是过Ⅳ点纬圆的水平投影。然后自4′点向下引联系线与纬圆的前半个圆周的交点，即为Ⅳ点的水平投影4(可见)。最后利用"二补三"作图求出其侧面投影4″(不可见)。

(4)将点1、2、3连成实线就是曲线Ⅰ Ⅱ Ⅲ的水平投影(锥面上的点和线水平投影都可见)，曲线Ⅰ Ⅱ Ⅲ全部位于左半个圆锥面上，所以侧面投影可见，将点1″、2″、3″用曲线光滑连接，既为曲线Ⅰ Ⅱ Ⅲ的侧面投影。

三、球

球是由球面围成的。球面是圆(母线)绕其一条直径(轴线)回转一周形成的曲面。

(一)投影

如图3-9所示，在三面投影体系中有一个球，其三个投影为三个直径相等的圆(圆的直径等于球的直径)。这三个圆实际上是位于球面上不同方向的三个轮廓圆的投影：正面投影轮廓圆是球面上平行于V面的最大正平圆(前、后半球的分界圆)的正面投影，其水平投影与横向中心线重合，侧面投影与竖向中心线重合；水平投影轮廓圆是球面上平行于H面的最大水平圆(上、下半球的分界圆)的水平投影，其正面投影和侧面投影均与横向中心线重合；侧面投影轮廓圆是球面上平行于W面的最大侧平圆(左、右半球的分界圆)的侧面投影，其水平投影和正面投影均与竖向的中心线重合。在三个投影图中，对称中心线的交点是球心的投影。

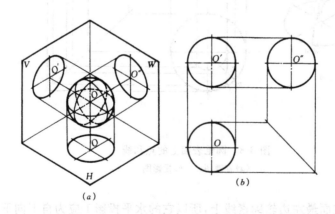

图 3-9　球的投影

(a)直观图；　(b)投影图

(二)表面上的点和线

在球面上定点，可以利用球面上平行于投影面的辅助圆进行作图，这种作图方法也称为纬圆法。

如图3-10所示，已知球的三面投影，以及球面上Ⅰ、Ⅱ、Ⅲ、Ⅳ点的正面投影1′、2′、3′、4′，求作它们的其它投影。

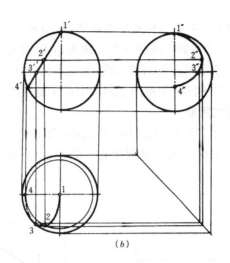

图 3-10　球表面上的点和线

(a)直观图；　(b)投影图

从投影图上可知Ⅰ、Ⅳ两点在正面投影轮廓圆上，Ⅲ点在水平投影轮廓圆上，这三点是球面上的特殊点，可以通过引联系线直接作出它们的水平投影和侧面投影。Ⅱ点是球面上的一般点，需要用纬圆法求其水平投影和侧面投影。

作图过程为(图 3-10b)：

(1)Ⅰ点是正面投影轮廓圆上的点，且是球面上最高点，它的水平投影 1(可见)应落在中心线的交点上(与球心重影)，侧面投影 1″应落在竖向中心线与侧面投影轮廓圆的交点上(可见)。Ⅲ点是水平投影轮廓圆上的点，它的水平投影 3(可见)应为自点 3′向下引联系线与水平投影轮廓圆前半周的交点，侧面投影 3″(可见)应落在横向中心线上，可由水平投影引联系线求得。Ⅳ点是正面投影轮廓线上的点，它的水平投影 4(不可见)应为自 4′点向下引联系线与横向中心线的交点，侧面投影 4″(可见)应为自 4′向右引联系线与竖向中心线的交点。

(2)用纬圆法求Ⅱ点的水平投影和侧面投影的作图过程是：在正面投影上过 2′作平行横向中心线的直线，并与轮廓圆交于两个点，则两点间线段就是过点Ⅱ纬圆的正面投影，在水平投影上，以轮廓圆的圆心为圆心，以纬圆正面投影线段长度为直径画圆，即为过点Ⅱ纬圆的水平投影，然后自 2′点向下引联系线与纬圆前半个圆周的交点就是Ⅱ点的水平投影 2(可见)，最后利用"二补三"作图确定侧面投影 2″(可见)。

(3)曲线ⅠⅡⅢⅣ的水平投影 1234 是连接 1、2、3、4 各点的一段光滑曲线，由于ⅠⅡⅢ一段位于上半个球面上，ⅢⅣ一段位于下半个球面上，所以水平投影 123 一段可见，连实线，34 一段不可见，连虚线。点Ⅰ、Ⅱ、Ⅲ、Ⅳ均处于左半个球面上，所以曲线ⅠⅡⅢⅣ的侧面投影 1″2″3″4″可见，并为连接 1″、2″、3″、4″各点的一段光滑的曲线(实线)。

第三节　平面与平面立体相交

平面与立体相交，就是立体被平面截切，所用的平面称截平面，所得的交线称截交线。平面与平面立体相交所得截交线是一个平面多边形，多边形的顶点是平面立体的棱线与截平面的交点。因此，求平面立体的截交线，应先求出立体上各棱线与截平面的交点，然后再连线，连线时必须是位于同一个棱面上的两个点才能连接。

一、平面与棱柱相交

图 3-11(*a*)表示三棱柱被正垂面 *P* 截断，图 3-11(*b*)表示截断后三棱柱投影的画法，图中符号 P_V 表示特殊面 *P* 的正面投影是一条直线(有积聚性)，这条直线可以确定该特殊面的空间位置。

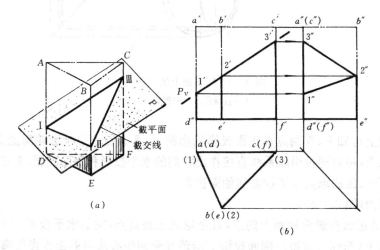

图 3-11　正垂面与三棱柱相交
(*a*)直观图；　(*b*)投影图

由于截平面 *P* 是正垂面，因此位于正垂面上的截交线正面投影必然位于截平面的积聚投影 P_V 上，而且三条棱线与 P_V 的交点 1′、2′、3′ 就是截交线的三个顶点。

又由于三棱柱的棱面都是铅垂面，其水平投影有积聚性，因此，位于三棱柱棱面上的截交线水平投影必然落在棱面的积聚投影上。

至于截交线的侧面投影，只须通过 1′、2′、3′ 点向右作投影联系线即可在对应的棱线上找到 1″、2″、3″，将此三点依次连成三角形，就得到截交线的侧面投影。最后，擦掉切掉部分图线(或用双点划线代替)，完成截断后三棱柱的三面投影图。

【例 3-11】 完成棱柱切割体的水平投影和侧面投影(图 3-12)。

分析：从正面投影可以看出，三棱柱上的切口，是被一个水平面 *P* 和一个侧平面 *Q* 切割而成的。切口的底面是一个三角形，切口的侧面是一个矩形(见直观图)。

作图：

(1)在三棱柱正面投影的切口处，标定出切口的各交点 1′、2′(3′)、4′(5′)；

(2)根据棱柱表面的积聚性，找出各交点的水平投影 1、4(2)、5(3)(切口底面△123 反映实形，切口侧面 2453 积聚成线段)；

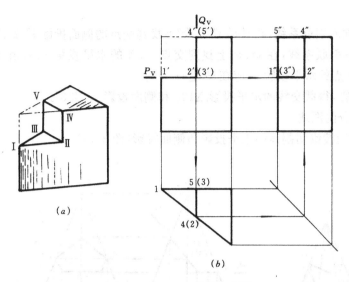

图 3-12 棱柱切割体

(a)直观图; (b)投影图

（3）利用交点的正面投影和水平投影,作出各交点的侧面投影 1″(3″)、2″、4″、5″(切口底面△1″2″3″积聚成直线段,切口侧面投影 2″4″5″3″反映实形);

（4）擦掉切掉部分的图线(或用双点划线画出)。

二、平面与棱锥相交

图 3-13(a)为三棱锥被正垂面 P 截断,图 3-13(b)为截断后三棱锥投影的画法。

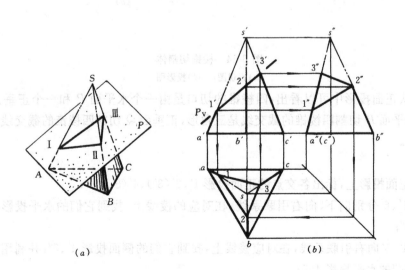

图 3-13 正垂面与三棱锥相交

(a)直观图; (b)投影图

截平面 P 是正垂面,所以截交线的正面投影位于截平面的积聚投影 P_V 上,各棱线与截平面交点的正面投影 $1'$、$2'$、$3'$ 可直接得到。截交线的水平投影和侧面投影,可通过以下作图求出:

(1)自 $1'$、$2'$、$3'$ 向右引联系线,在 $s''a''$、$s''b''$、$s''c''$ 上找到交点的侧面投影 $1''$、$2''$、$3''$;

(2)自 $1'$、$3'$ 向下引联系线,在 sa、sc 上找到交点 Ⅰ、Ⅲ 的水平投影 1、3;由 $2'$ 和 $2''$ 进行"二补三"作图找到 Ⅱ 点的水平投影 2(应在 sb 上);

(3)连接同面投影,得截交线的水平投影 △123 和侧面投影 △$1''2''3''$。

(4)擦掉切掉部分的图线。

【例 3-2】 完成四棱锥切割体的水平投影和侧面投影(图 3-14)。

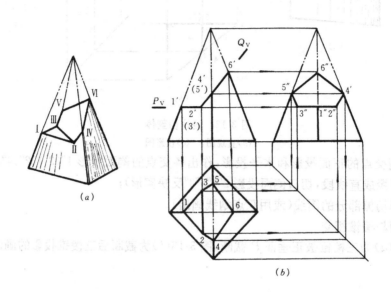

图 3-14 棱锥切割体
(a)直观图; (b)投影图

分析:从正面投影中可以看出,四棱锥的切口是由一个水平面 P 和一个正垂面 Q 切割而成的。水平面 P 切割四棱锥的截交线是三角形,正垂面 Q 切割四棱锥的截交线是五边形(见直观图)。

作图:

(1)在正面投影上,标出各交点的正面投影 $1'$、$2'(3')$、$4'(5')$、$6'$;

(2)自 $1'$、$6'$ 分别向下、向右引联系线,在对应的棱线上,找到它们的水平投影 1、6 和侧面投影 $1''$、$6''$;

(3)自 $4'$、$5'$ 向右引联系线,在对应棱线上,找到它们的侧面投影 $4''$、$5''$,并利用"二补三"作图找到它们的水平投影 4、5;

(4)因为 Ⅰ Ⅱ 和 Ⅰ Ⅲ 线段分别与它们同面的底边平行,因此利用投影的平行性可以作出 Ⅱ、Ⅲ 两点的水平投影 2、3,然后利用"二补三"作图找到它们的侧面投影 $2''$、$3''$;

(5)连点,并擦去切掉部分的图线。

第四节　平面与曲面立体相交

平面与曲面立体相交所得截交线的形状可以是曲线围成的平面图形,或者曲线和直线围成的平面图形,也可以是平面多边形。截交线的形状由截平面与曲面立体的相对位置来决定。

截交线是截平面和曲面立体表面的共有线,截交线上的点也都是它们的共有点。因此,在求截交线的投影时,先在截平面有积聚性的投影上,确定截交线的一个投影,并在这个投影上选取若干个点;然后把这些点看作曲面立体表面上的点,利用曲面立体表面定点的方法,求出它们的另外两个投影;最后,把这些点的同名(同面)投影光滑连接,并表明投影的可见性。

求作曲面立体截交线的投影时,通常是先选取一些能确定截交线形状和范围的特殊点,这些特殊点包括投影轮廓线上的点、椭圆长短轴端点、抛物线和双曲线的顶点等,然后按需要再选取一些一般点。

一、平面与圆柱相交

平面与圆柱面相交所得截交线的形状有三种(表3-1):

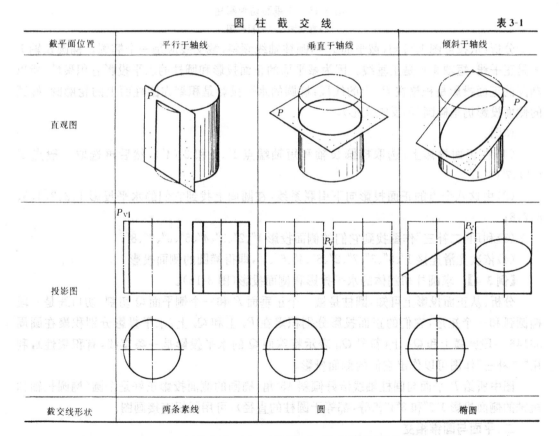

圆 柱 截 交 线　　　　　　　　　　　　　　　　表3-1

截平面位置	平行于轴线	垂直于轴线	倾斜于轴线
直观图			
投影图			
截交线形状	两条素线	圆	椭圆

(1)当截平面通过圆柱的轴线或平行于轴线时,截交线为两条素线;

(2)当截平面垂直于圆柱的轴线时,截交线为圆;

(3)当截平面倾斜于圆柱的轴线时,截交线为椭圆。

【例 3-3】 求正垂面 P 与圆柱的截交线(图 3-15)。

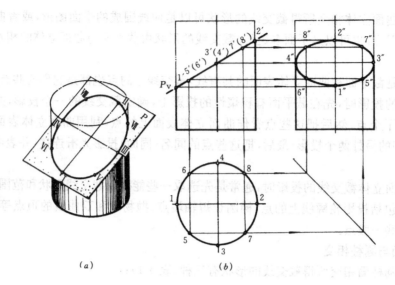

图 3-15 正垂面切割圆柱
(a)直观图; (b)投影图

分析:从投影图上可知,截平面 P 与圆柱轴线倾斜,截交线应是一个椭圆。椭圆长轴 Ⅰ Ⅱ 是正平线,短轴 Ⅲ Ⅳ 是正垂线。因为截平面的正面投影和圆柱的水平投影有积聚性,所以椭圆的正面投影是积聚在 P_V 上的线段,椭圆的水平投影是积聚在圆柱面上的轮廓圆,椭圆的侧面投影仍是椭圆(不反映实形)。

作图:

(1)在正面投影上,选取椭圆长轴和短轴端点 1′、2′和3′(4′),然后再选取一般点 5′(6′)、7′(8′);

(2)由这八个点的正面投影向下引联系线,在圆周上找到它们的水平投影 1、2、3、4、5、6、7、8;

(3)利用"二补三"作图找到它们的侧面投影 1″、2″、3″、4″、5″、6″、7″、8″;

(4)依次光滑连接 1″、5″、3″、7″、2″、8″、4″、6″、1″,即得椭圆的侧面投影。

【例 3-4】 求圆柱切割体的水平投影和侧面投影(图 3-16)。

分析:从正面投影上可知,圆柱是被一个正垂面 P 和一个侧平面 Q 切割,切口线是一段椭圆弧和一个矩形,它们的正面投影分别积聚在 P_V 上和 Q_V 上,水平投影分别积聚在圆周 53146 一段圆弧上和 Q_H 上(符号 Q_H 表示特殊面 Q 的水平投影是一条直线,有积聚性),利用"二补三"作图可以作出它们的侧面投影。

图中所给 P 平面与圆柱轴线恰好倾斜45°角,椭圆的侧面投影正好是个圆(椭圆长轴和短轴的侧面投影 1″2″和 3″4″相等,都等于圆柱的直径),可用圆规直接画图。

二、平面与圆锥相交

平面与圆锥面相交所得截交线的形状有五种(表 3-2):

(1)当截平面通过锥顶时,截交线为两条相交素线;

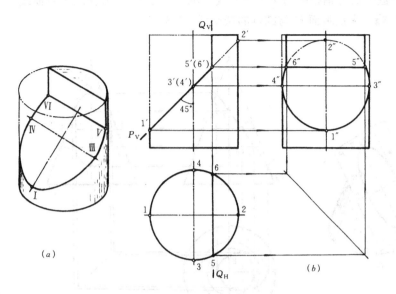

图 3-16　圆柱切割体

(a)直观图；　(b)投影图

(2)当截平面垂直于轴线时,截交线为一圆；

(3)当截平面与轴线夹角 α 大于母线与轴线夹角 θ 时,截交线为一椭圆；

(4)当截平面平行于一条素线(即 $\alpha=\theta$ 时,截交线为抛物线；

圆　锥　截　交　线　　　　　　　　　　　　表 3-2

截平面位置	过顶点	垂直于轴线	倾斜于轴线	平行于一条素线	平行于轴线或两素线
直观图					
投影图		$\alpha=90°$	$\alpha>\theta$	$\alpha=\theta$	$\alpha<\theta$
截交线形状	两条素线	圆	椭圆	抛物线	双曲线(一叶)

(5)当截平面与轴线夹角 α 小于母线与轴线夹角 θ 时,截交线为双曲线。

【例3-5】 求正垂面 P 与圆锥的截交线(图3-17)。

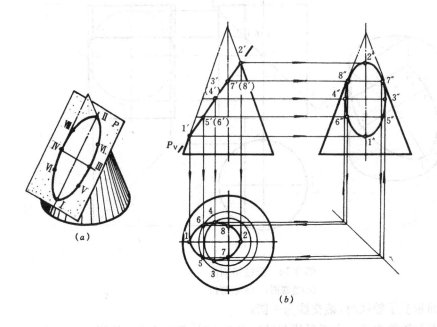

图3-17 正垂面切割圆锥

(a)直观图; (b)投影图

分析:从正面投影可知,截平面 P 与圆锥轴线夹角大于母线与轴线夹角,所以截交线是一个椭圆。

椭圆的正面投影积聚在截平面的积聚投影 P_v 上成为线段,水平投影和侧面投影仍然是椭圆(都不反映实形)。

为了求出椭圆的水平投影和侧面投影,应先在椭圆的正面投影上标定出所有的特殊点(长短轴端点和侧面投影轮廓线上的点)和几个一般点,然后把这些点看作圆锥表面上的点,用圆锥表面定点的方法(素线法或纬圆法),求出它们的水平投影和侧面投影,再将它们的同面投影依次连接成椭圆。

作图:

(1)在正面投影上,找到椭圆的长轴两端点的投影 $1'$、$2'$,短轴两端点的投影 $3'(4')$(位于线段 $1'2'$ 的中点),侧面投影轮廓线上的点 $7'(8')$ 和一般点 $5'(6')$;

(2)自 $1'$、$2'$、$7'$、$8'$ 向下和向右引联系线,直接找到它们的水平投影 1、2、7、8 和侧面投影 $1''$、$2''$、$7''$、$8''$;

(3)用纬圆法求出 Ⅲ、Ⅳ、Ⅴ、Ⅵ 点的水平投影 3、4、5、6 和侧面投影 $3''$、$4''$、$5''$、$6''$;

(4)将八个点的同名投影光滑地连成椭圆。

【例3-6】 完成圆锥切割体的水平投影和侧面投影(图3-18)。

分析:从正面投影可知,所给形体是圆锥被一个水平面 P 和一个正垂面 Q 切割而成。P 平面与圆锥的截交线是一段圆弧($P \perp$ 轴线),Q 平面与圆锥的截交线是抛物线(Q'' 母线),P 平面与 Q 平面交线是一段正垂线。截交线的正面投影积聚在 P_v 和 Q_v 上。

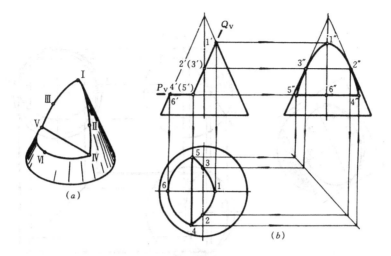

图 3-18 圆锥切割体

(a)直观图； (b)投影图

作图：

(1)在正面投影上标出圆弧上点 $6'$、$4'(5')$ 和抛物线上点 $4'(5')$、$2'(3')$、$1'$；

(2)自 $1'$、$2'(3')$ 向右引投影联系线，求出 Ⅰ、Ⅱ、Ⅲ 点的侧面投影 $1''$、$2''$、$3''$，再用"二补三"作图求出水平投影 1、2、3；

(3)用纬圆法求出 Ⅳ、Ⅴ、Ⅵ 点的水平投影 4、5、6 和侧面投影 $4''$、$5''$、$6''$；

(4)将 4、5、6 点连成圆弧，4、2、1、3、5 点连成抛物线，4、5 两点连成直线，得圆锥切割体的水平投影；

(5)将 $4''$ 和 $5''$ 两点连成直线，$5''$、$3''$、$1''$、$2''$、$4''$ 点连成抛物线，再将 $3''$ 点和 $2''$ 点以上的侧面投影轮廓线擦掉（或画成双点划线），就得到圆锥切割体的侧面投影。

三、平面与球相交

平面与球面相交所得截交线是圆。

当截平面为投影面平行面时，截交线在截平面所平行的投影面上的投影为圆（反映实形），其它两投影为线段（长度等于截圆直径）；

当截平面为投影面垂直面时，截交线在截平面所垂直的投影面上的投影是一段直线（长度等于截圆直径），其它两投影为椭圆。

【例 3-7】 求正垂面 P 与球面的截交线（图 3-19）

分析：正垂面 P 截球面所得截圆的正面投影是积聚在 P_V 上的一段直线（长度等于截圆直径），截圆的水平投影和侧面投影为椭圆。

为了作出截圆的水平投影和侧面投影，可在截圆的正面投影上标注一些特殊点，然后用纬圆法求得这些点的水平投影和侧面投影，最后将这些点的同名投影连成椭圆。

作图：

(1)在截圆的正面投影上标出截圆的最左、最右点 $1'$、$2'$（在轮廓圆上）和最前、最后点 $3'$ $(4')$（在线段 $1'2'$ 的中点处），上下半球分界圆上点 $5'(6')$ 和左右半球分界圆上点 $7'(8')$；

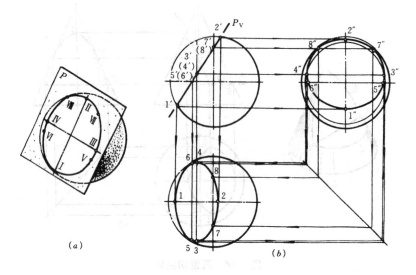

图 3-19　正垂面切割球
(a)直观图; (b)投影图

(2)求出这些点的水平投影和侧面投影,其中 1、2 和 1″、2″应在前后半球分界圆上(即横向中心线和竖向中心线上);3、4 和 3″、4″用纬圆法求得(前后对称,两点距离应等于截圆直径);5、6 在水平投影轮廓圆上,5″、6″在横向中心线上;7、8 在竖向中心线上,7″、8″在侧面投影轮廓圆上;

(3)在水平投影上,按 153728461 顺序连成椭圆,并将 516 一段左侧轮廓圆$\overset{\frown}{56}$擦掉;

(4)在侧面投影上,按 1″5″3″7″2″8″4″6″1″顺序连成椭圆,并将 7″2″8″一段上面轮廓圆$\overset{\frown}{7''8''}$擦掉。

【例 3-8】　完成半球切割体的水平投影和侧面投影(图 3-20)。

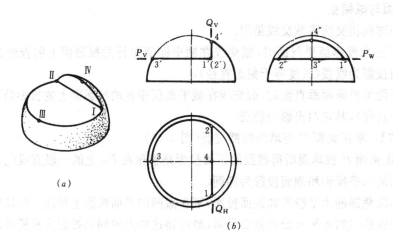

图 3-20　半球切割体
(a)直观图; (b)投影图

44

从正面投影上可知,所给半球切割体是由一个水平面 P 和一个侧平面 Q 切割而成,P 面与半球的截圆正面投影为与 P_v 重影的一段直线,水平投影为一段圆弧,侧面投影为与 P_w (符号 P_w 表示特殊面 P 的侧面投影是一条直线,有积聚性)重影的一段直线;Q 面与半球的截圆正面投影为与 Q_v 重影的一段直线,水平投影为与 Q_H 重影的一段直线,侧面投影为一段圆弧;P 面与 Q 面交线为一段正垂线,其正面投影为 P_v 与 Q_v 的交点,水平投影与 Q_H 重影,侧面投影与 P_w 重影。

作图时只要注意切口线处水平圆弧和侧平圆弧圆心位置和半径大小就可以用圆规直接画出切口线的水平投影和侧面投影(请读者自己分析作图过程)。

第五节　两平面立体相交

两立体相交,也称两立体相贯,其表面交线称为相贯线。

两平面立体相交所得相贯线,一般情况是封闭的空间折线(如图 3-21 所示)。相贯线上每一段直线都是一立体的棱面与另一立体棱面的交线,而每一个折点都是一立体的棱线与另一立体棱面的交点,因此,求两平面立体相贯线的方法是:

(1)确定两立体参与相交的棱线和棱面。

(2)求出参与相交的棱线与棱面的交点。

(3)依次连接各交点。连点时应遵循:只有当两个点对于两个立体而言都位于同一个棱面上才能连接,否则不能连接。

(4)判别相贯线的可见性。判别的方法是:只有两个可见棱面的交线才可见,连实线;否则不可见,连虚线。

相贯的两个立体是一个整体,可称相贯体。所以一个立体穿入另一个立体内部的棱线不必画出。

【例 3-9】　求直立三棱柱与水平三棱柱的相贯线(图 3-21)。

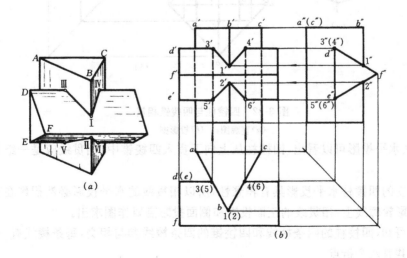

图 3-21　两三棱柱相贯
(a)直观图;　(b)投影图

分析：从水平投影和侧面投影可以看出，两三棱柱相互部分贯穿，相贯线应是一组空间折线。

因为直立三棱柱的水平投影有积聚性，所以相贯线的水平投影必然积聚在直立三棱柱的水平投影轮廓线上；同样，水平三棱柱的侧面投影有积聚性，因此相贯线的侧面投影必然积聚在水平三棱柱的侧面投影轮廓线上。于是，相贯线的三个投影，只须求出正面投影。

从直观图中可以看出，水平三棱柱的 D 棱、E 棱和直立三棱柱的 B 棱参与相交（其余棱线未参与相交），每条棱线有两个交点，可见相贯线上总共应有六个折点，求出这些折点便可连成相贯线。

作图：

(1)在水平投影和侧面投影上，确定六个折点的投影 1(2)、3(5)、4(6) 和 1″、2″、3″(4″)、5″(6″)；

(2)由 3(5)、4(6) 向上引联系线与 d' 棱和 e' 棱相交于 3′、4′ 和 5′、6′，再由 1″、2″ 向左引联系线与 b' 棱相交于 1′、2′；

(3)连点并判别可见性（图中 3′5′ 和 4′6′ 两段线是不可见的，应连虚线）。

【例 3-10】 求四棱柱与四棱锥的相贯线（图 3-22）。

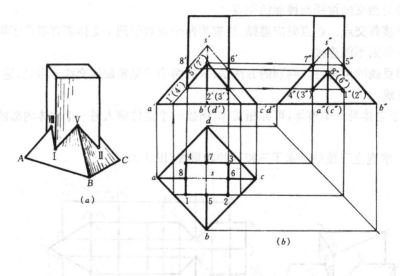

图 3-22 四棱柱与四棱锥相贯

(a)直观图； (b)投影图

分析：从水平投影可以看出，四棱柱从上向下贯入四棱锥中，相贯线应是一组封闭的折线。

因为直立的四棱柱水平投影具有积聚性，所以相贯线的水平投影必然积聚在直立四棱柱的水平投影轮廓线上，相贯线的正面投影和侧面投影需要作图求出。

从图中可知，四棱柱的四条棱线和四棱锥的四条棱线参与相交，每条棱线有一个交点，相贯线上总共有八个折点。

作图：

(1)在相贯线的水平投影上标出各折点的投影 1、2、3、4、5、6、7、8；

(2)过 Ⅰ 点在 SAB 平面上作辅助线与 SA 平行,利用平行性求出 Ⅰ 点的正面投影 1′,进而利用对称性求出 Ⅳ、Ⅱ、Ⅲ 点的正面投影(4′)、2′(3′),然后由 1′(4′)、2′(3′)向右引联系线求出侧面投影 1″(2″)、(3″)4″;

(3)Ⅴ、Ⅵ、Ⅶ、Ⅷ四个点分别位于四棱锥的四条棱线上,利用四棱锥左右棱面的积聚性可以确定 8′ 和 6′,而后引投影联系线找到 8″(6″),利用四棱锥前后棱面的积聚性可以确定 5″ 和 7″,而后引投影联系线找到 5′(7′);

(4)连接 1′5′ 和 5′2′、4′8′ 和 8′1′(其余的线或是积聚,或是重合)。

(5)将参与相交的棱线画至交点处。

【例 3-11】 求出带有三棱柱孔的三棱锥的水平投影和侧面投影(图 3-23)。

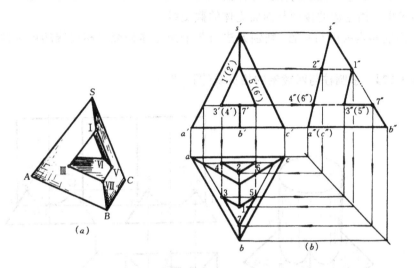

图 3-23 穿孔的三棱锥
(a)直观图; (b)投影图

分析:三棱锥被三棱柱穿透后形成一个三棱柱孔,并且在三棱锥的表面上出现了孔口线,其实,孔口线与三棱锥、三棱柱相贯时的相贯线完全是一样的。由于三棱柱孔正面投影有积聚性,因此孔口线的正面投影积聚在三棱柱孔的正面投影轮廓线上,棱柱和棱锥的水平投影和侧面投影没有积聚性,孔口线的水平投影和侧面投影就需要作图求出。

三棱柱孔的三条棱线和三棱锥的一条棱线参与相交,孔口线上应有八个折点,但从正面投影上可以看出,三棱柱的上边棱线与三棱锥的前边棱线相交,所以实际折点只有七个。

作图:

(1)在正面投影图上标出七个折点的投影 1′、2′、3′、4′、5′、6′、7′;

(2)利用棱锥表面定点的方法,求出它们的水平投影 1、2、3、4、5、6、7 和侧面投影 1″、2″、3″、4″、5″、6″、7″;

(3)将各折点按下述方法连接:水平投影上 15、57、73、31 连接(形成前部孔口线),26、64、42 连线(形成后部孔口线);侧面投影上 1″3″、3″7″ 连线(其余线或积聚或重合);

(4)用虚线画出三棱柱孔的棱线的水平投影和侧面投影,并擦掉 1″7″ 一段侧面投影轮廓线。

第六节　平面立体和曲面立体相交

平面立体与曲面立体相交所得相贯线，一般是由几段平面曲线结合而成的空间曲线。相贯线上每段平面曲线都是平面立体的一个棱面与曲面立体的截交线，相邻两段平面曲线的交点是平面立体的一个棱线与曲面立体的交点。因此，求平面立体与曲面立体的相贯线，就是求平面与曲面立体的截交线和求直线与曲面立体的交点。

求平面立体与曲面立体的相贯线方法是：

(1)求出平面立体棱线与曲面立体的交点；

(2)求出平面立体的棱面与曲面立体的截交线；

(3)判别相贯线的可见性，判别方法与两平面立体相交时相贯线的可见性判别方法相同。

【例 3-12】　求圆柱与四棱锥的相贯线(图 3-24)。

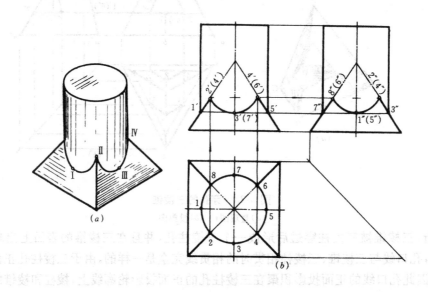

图 3-24　圆柱与四棱锥相贯

(a)直观图；　(b)投影图

分析：从水平投影可知，相贯线是由四棱锥的四个棱面与圆柱相交所产生的四段一样的椭圆弧(前后对称，左右对称)组成的，四棱锥的四条棱线与圆柱的四个交点是四段椭圆弧的结合点。

由于圆柱的水平投影有积聚性，因此，四段椭圆弧以及四个结合点的水平投影都积聚在圆柱的水平投影上；正面投影上，前后两段椭圆弧重影，左、右两段椭圆弧分别积聚在四棱锥左、右两棱面的正面投影上；侧面投影上，相贯线的左、右两段椭圆弧重影，前、后两段椭圆弧分别积聚在四棱锥前后两棱面的侧面投影上。作图时，应注意对称性，正面投影应与侧面投影相同。

作图：

(1)在水平投影上，用2、4、6、8标出四个结合点的水平投影，并在四段交线的中点处标

48

出椭圆弧最低点的水平投影1、3、5、7；

（2）在正面投影和侧面投影上，求出这八个点的正面投影1′、2′(8′)、3′(7′)、4′(6′)、5′和侧面投影7″、8″(6″)、1″(5″)、2″(4″)、3″；

（3）在正面投影上，过2′(8′)、3′(7′)、4′(6′)点画椭圆弧，在侧面投影上，过8″(6″)、1″(5″)、2″(4″)点画椭圆弧。

【例3-13】　求三棱柱与半球的相贯线（图3-25）。

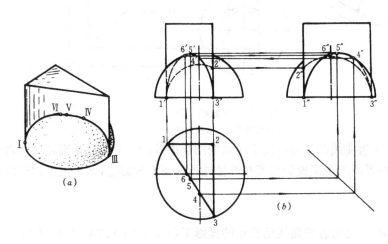

图3-25　三棱柱与半球相贯
(a)直观图；(b)投影图

分析：从水平投影中可以看出，三棱柱的三个棱面都与半球相交，且三棱柱的三个棱面分别是铅垂面、正平面和侧平面。因此，相贯线的形状应该是三段圆弧组成的空间曲线，棱柱的三条棱线与圆柱相交的三个交点是这三段圆弧的结合点。

由于棱柱的水平投影有积聚性，因此三段圆弧及三个结合点的水平投影是已知的，只需求出它们的正面投影和侧面投影。从图中可以看出，后面一段圆弧的正面投影反映实形，侧面投影应该积聚在后棱面上（后棱面是正平面）；右边一段圆弧的侧面投影反映实形，正面投影应该积聚在右棱面上（右棱面是侧平面）；左面一段圆弧的正面投影和侧面投影都应该变形为椭圆弧（左棱面是铅垂面）。

作图：

（1）在三棱柱的水平投影上标出三段圆弧的投影12、23和34561；

（2）正面投影1′2′应是一段圆弧，可用圆规直接画出（因看不见要画成虚线），侧面投影1″2″积聚在后棱面上；

（3）侧面投影2″3″也是一段圆弧，也可用圆规直接画出（不可见，画成虚线），正面投影2′3′积聚在右棱面上；

（4）用球面上定点的方法求出Ⅳ、Ⅴ、Ⅵ点的正面投影4′、5′、6′和侧面投影4″、5″、6″，然后连成椭圆弧（其中1′6′一段和4″3″一段是不可见的，画成虚线）。

【例3-14】　求出带有四棱柱孔的圆锥的水平投影和侧面投影（图3-26）。

分析：四棱柱孔与圆锥表面的交线相当于四棱柱与圆锥的相贯线，它是前后对称，形状

49

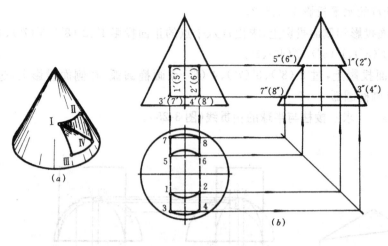

图 3-26　穿孔的圆锥

(a)直观图；　(b)投影图

相同的两组曲线。每组曲线都是由四段平面曲线结合成的，上、下两段是圆弧，左、右两段是相同的双曲线弧。相贯线的正面投影积聚在四棱柱孔的正面投影上，水平投影和侧面投影需要作图求出。

作图：

(1)在正面投影上，注出各段曲线结合点的投影 $1'(5')$、$2'(6')$、$3'(7')$、$4'(8')$；

(2)在正面投影上，量取四棱柱孔的上、下棱面与圆锥的截交线——圆弧的直径，并在水平投影上直接画出其投影 12、56、34、78 四段圆弧，然后作出它们的侧面投影 $1''(2'')$、$5''(6'')$、$3''(4'')$、$7''(8'')$；

(3)在侧面投影上，作出双曲线弧 $1''3''$、$5''7''$、$(2''4'')$、$(6''8'')$，它们的水平投影 13、57 和 24、68 分别积聚在四棱柱孔的左、右两个棱面上。

(4)画出四条棱线的水平投影和侧面投影（虚线），并擦掉被挖掉的侧面投影轮廓线部分。

第七节　两曲面立体相交

两曲面立体相交所得相贯线，在一般情况下是空间封闭的曲线；在特殊情况下，可以是平面曲线或直线。

一、两曲面立体相交的一般情况

两曲面立体的相贯线是两曲面立体表面的共有线，相贯线上的点是两曲面立体表面的共有点。求作两曲面立体相贯线的投影时，一般是先作出两曲面立体表面上一些共有点的投影，而后再连成相贯线的投影。

在求作相贯线上的点时，与作曲面立体截交线一样，应作出一些能控制相贯线范围的特殊点，如曲面立体投影轮廓线上的点，相贯线上最高、最低、最左、最右、最前、最后点等，然后按需要再求作相贯线上的一般点。在连线时，应表明可见性，可见性的判别原则是：只有同时位于两个立体可见表面上的相贯线才是可见的；否则不可见。

求作相贯线上点的方法有：表面取点法和辅助平面法。

50

（一）表面取点法

当两个立体中至少有一个立体表面的投影具有积聚性（如垂直于投影面的圆柱）时，可以用在曲面立体表面上取点的方法作出两曲面立体表面上的这些共有点的投影。具体作图时，先在圆柱面的积聚投影上，标出相贯线上的一些点；然后把这些点看作另一曲面上的点，用表面取点的方法，求出它们的其它投影；最后，把这些点的同面投影光滑地连接起来（可见线连成实线、不可见线连成虚线）。

【例 3-15】 求大小两圆柱的相贯线（图 3-27）。

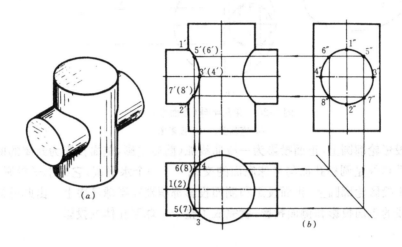

图 3-27 两圆柱相贯（表面取点法）

(a)直观图; (b)投影图

分析：从已知条件可知：两圆柱的轴线垂直相交，有共同的前后对称面和左右对称面，小圆柱横向穿过大圆柱。因此，相贯线是左、右对称的两条封闭空间曲线。

由于大圆柱的水平投影积聚为圆，相贯线的水平投影就积聚在小圆柱穿过大圆柱处的左右两段圆弧上；同样地，小圆柱的侧面投影积聚为圆，相贯线的侧面投影也就积聚在这个圆上。因此，只有相贯线的正面投影需要作图求得。因为相贯线前后对称，所以相贯线的正面投影为左、右各一段曲线弧。

作图：

（1）作特殊点。先在相贯线的水平投影和侧面投影上，标出左侧相贯线的最上、最下、最前、最后点的投影 1(2)、3、4 和 1″、2″、3″、4″，再利用"二补三"作图作出这四个点的正面投影 1′、2′、3′(4′)。

（2）作一般点。在相贯线的水平投影和侧面投影上标出前后、上下对称的四个点的投影 5(7)、6(8)和 5″、6″、7″、8″，然后利用"二补三"作图作出它们的正面投影 5′(6′)、7′(8′)。

（3）按 1′5′3′7′2′ 顺序将这些点光滑连接（与 1′6′4′8′2′ 一段曲线重影），即得左侧相贯线的正面投影。

（4）利用对称性，作出右侧相贯线的正面投影。

【例 3-16】 作出带有圆柱孔的半球的正面投影和侧面投影（图 3-28）。

分析：从三面投影图可以看出，圆柱孔在半球左侧、前后对称的位置上，竖向穿透半球。上部孔口线是球面与圆柱孔面的交线——一条闭合的空间曲线，它的水平投影积聚在圆柱

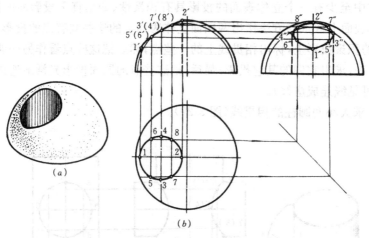

图 3-28　穿孔半球（表面取点法）

(a)直观图；　(b)投影图

孔面的水平投影轮廓圆上，正面投影为一段曲线弧（前后重影，侧面投影为封闭的曲线（全部可见）；下部孔口线是圆柱孔面与半球底面的交线——一个水平圆，它的水平投影积聚在圆柱孔面的水平投影轮廓圆上，正面投影和侧面投影都积聚在半球底面上。由此可知，只要作出上部孔口线的正面投影和侧面投影，就完成了整个半球穿孔体的投影。

作图：

(1)作特殊点。在孔口线的水平投影上，标出最左、最右、最前、最后四个点的投影1、2、3、4。然后由1、2向上引联系线与正面投影轮廓圆交于1′、2′，向右引联系线与竖向中心线交于1″、2″。用球面上定点的方法（图中过3、4作侧平圆，并作出该侧平圆的侧面投影），在圆柱孔的轮廓线上找到3″、4″，向左引联系线在圆孔轴线位置上找到3′（4′）。

(2)作一般点。在孔口线的水平投影上，标出左右、前后对称的四个点的投影5、6、7、8，然后把这四个点看作球面上的点，利用球面上定点的方法（图中过5、7，6、8作了两个相等的正平圆），求出它们的正面投影5′（6′）、7′（8′）和侧面投影5″、6″、7″、8″。

(3)按孔口线水平投影上各点顺序，连接它们的正面投影和侧面投影，完成孔口线的作图。

(二)辅助截平面法

如图3-29(a)所示，为求两曲面立体的相贯线，可以用辅助截平面切割这两个立体，切得的两组截交线必然相交，且交点为"三面共点"（两曲面及辅助截平面的共有点），"三面共点"当然就是相贯线上的点。用辅助截平面求得相贯线上点的方法就是辅助截平面法。具体作图时，首先加辅助截平面（通常是水平面或正平面）；然后分别作出辅助截平面与两已知曲面的两组截交线（应为直线或圆）；最后找出两组截交线上的交点，即为相贯线上的点。

【例3-17】　求圆柱和圆台的相贯线（图3-29）。

分析：从图中可以看出，圆柱与圆台前后对称，整个圆柱在圆台的左侧相交，相贯线是一条闭合的空间曲线。由于圆柱的侧面投影有积聚性，所以相贯线的侧面投影积聚在圆柱的侧面投影轮廓圆上；又由于相贯线前后对称，所以相贯线的正面投影前后重影，为一段曲线弧；相贯线的水平投影为一闭合的曲线，其中处在上半个圆柱面上的一段曲线可见（画实线），处

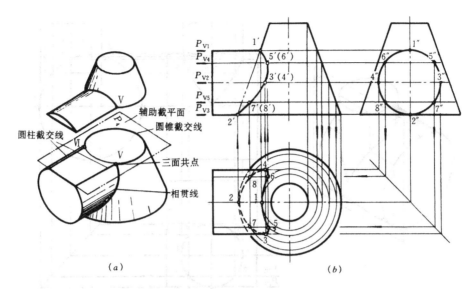

图 3-29　圆柱与圆台相贯(辅助截平面法)

(a)直观图;　(b)投影图

在下半个圆柱面上一段曲线不可见(画虚线)。此题适于用水平面作为辅助截平面进行作图。

作图:

(1)加水平面 P_1(它的正面投影积聚成一条横线,横线的高低即为水平面的高低),它与圆柱面相切于最上面的一条素线(正面投影为轮廓线,水平投影与轴线重合),它与圆锥面交出一个水平圆(正面投影为垂直于圆锥轴线的横线,水平投影为反映真实大小的圆),找到素线与圆的交点 1 和 1′(相贯线上的最高点);

(2)过圆柱轴线加水平面 P_2,P_2 与圆柱面交出两条素线(水平投影为轮廓线),与圆锥面交出一个水平圆,作出该圆的水平投影并找到素线与圆的交点 3 和 4,然后通过投影联系线在 P_{V2} 上找到 3′和 4′(相贯线上的最前点和最后点);

(3)加水平面 P_3,它与圆柱面相切于最下面一条素线,与圆锥面相交于一个水平圆,找到素线和圆的交点 2 和 2′(相贯线上的最低点);

(4)在适当位置上加水平面 P_4 和 P_5,重复上面作图,求出一般点的水平投影 5、6 和 7、8 以及正面投影 5′、6′和 7′、8′;

(5)依次连接各点的同面投影,正面投影 1′5′3′7′2′一段和 1′6′4′8′2′一段重影(连实线),水平投影 46153 一段可见,连实线,48273 一段不可见,连虚线。

【例 3-18】　求轴线垂直交错的大、小两圆柱的相贯线(图 3-30)。

分析:从投影图上可以看出:两圆柱轴线垂直交错。大圆柱轴线是侧垂线,大圆柱面的侧面投影有积聚性;小圆柱轴线是铅垂线,小圆柱面的水平投影有积聚性。小圆柱在大圆柱的上部偏前部位相交,相贯线是一条闭合的空间曲线。相贯线的水平投影积聚在小圆柱的水平投影上;相贯线的侧面投影积聚在大圆柱的侧面投影上;相贯线的正面投影为闭合的曲线,其中处在前半个小圆柱面上的一段曲线可见,处在后半个小圆柱面上的一段曲线不可见。此题适于用正平面作为辅助截平面进行作图。

53

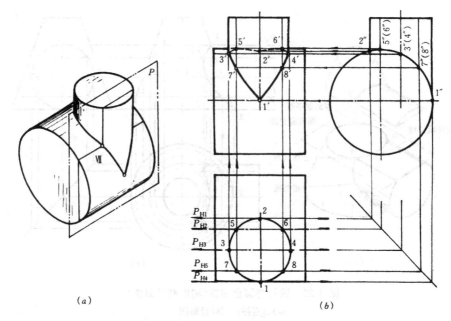

(a)   (b)

图 3-30 两圆柱相贯（辅助截平面法）

(a)直观图； (b)投影图

作图：

(1)加正平面 P_1（它的水平投影积聚成一条横线，横线在下表示正平面在前，横线在上表示正平面在后），它与小圆柱相切于最后面的一条素线（正面投影与轴线重合），它与大圆柱交于两条素线，找出素线与素线的交点 $2'$（相贯线上最后点）；

(2)过大圆柱的轴线加正平面 P_2，它与大圆柱的截交线就是它的正面投影轮廓线，它与小圆柱交于两条素线，作出两条素线的正面投影并找出交点 $5'$ 和 $6'$（相贯线上最高点）；

(3)过小圆柱的轴线加正平面 P_3，它与小圆柱的截交线是它的正面投影轮廓线，它与大圆柱交于两条素线，作出大圆柱的素线（截交线）并找出交点 $3'$ 和 $4'$（相贯线上最左和最右点）；

(4)加正平面 P_4，它与大、小圆柱均相切于最前面的轮廓素线（它们的正面投影均与轴线重合），找出交点 $1'$（相贯线上最前点）；

(5)在适当位置上加正平面 P_5，作出 P_5 平面与大小圆柱的交线——素线的正面投影，并找出交点 $7'$ 和 $8'$；

(6)在正面投影上，依次连接各点的正面投影，其中 $3'7'1'8'4'$ 一段位于前半个小圆柱面上可见，连实线，$3'5'2'6'4'$ 一段位于后半个小圆柱面上不可见，连虚线。

二、两曲面立体相交的特殊情况

在一般情况下，两曲面立体的相贯线是空间曲线。但是，在特殊情况下，两曲面立体的相贯线也可能是平面曲线或直线。下面介绍两曲面的相贯线为平面曲线的两种特殊情况。

（一）两回转体共轴

当两个共轴的回转体相贯时，其相贯线一定是一个垂直于轴线的圆。

如图 3-31 所示,图(a)为圆柱与半球具有公共的回转轴(铅垂线),它们的相贯线是一个水平圆,其正面投影积聚为直线,水平投影为圆(反映实形,与圆柱等径)。图(b)为球与圆锥具有公共的回转轴,其相贯线也为水平圆,该圆正面投影积聚为直线,水平投影为圆(反映实形)。

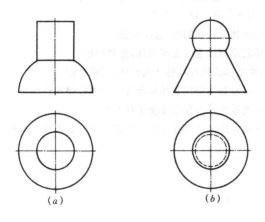

(a)　　　　　　　(b)

图 3-31　共轴的两回转体相交

(二)两回转体公切于球

当两个回转体公切于一个球面时,则它们的相贯线是两个椭圆。

如图 3-32 所示,图(a)为两圆柱,直径相等,轴线垂直相交,还同时外切于一个球,它们的相贯线是两个正垂的椭圆,其正面投影积聚为两相交直线,水平投影积聚在竖直圆柱的投影轮廓圆上。图(b)为轴线垂直相交,还同时公切于一个球面的一个圆柱与一个圆锥相贯,它们的相贯线是两个正垂的椭圆,其正面投影积聚为两相交直线,水平投影为两个椭圆。

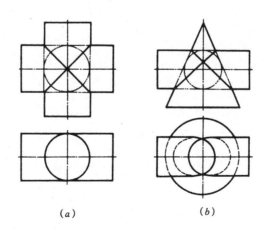

(a)　　　　　　　(b)

图 3-32　公切于球面的两回转体相交

思 考 题

1. 棱柱、棱锥、圆柱、圆锥、球的投影有哪些特性?

2. 求作立体表面上点和线的投影有哪些方法?

3. 平面与平面立体相交时,其截交线是什么性质的线,怎样作图?

4. 圆柱、圆锥的截交线形状各有几种,怎样作图?

5. 两平面立体的相贯线是什么性质的线,怎样作图?

6. 平面立体与曲面立体的相贯线是什么样的线,怎样作图?

7. 在一般情况下,两曲面立体的相贯线是什么性质,怎样作图?

8. 用表面取点法求相贯线投影的应用条件是什么? 作图步骤是什么?

9. 用辅助截平面法求相贯线投影的作图步骤是什么?

10. 在特殊情况下,两曲面立体的相贯线是什么性质? 产生条件是什么?

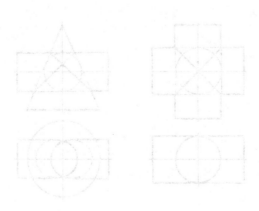

第四章 工 程 曲 面

本章介绍工程上常用曲面的形成及其图示方法。

在建筑工程中,有些建筑物的表面是由一些特殊的曲面构成的,这些曲面统称为工程曲面。例如图 4-1(a)所示建筑物的立面和图 4-1(b)所示建筑物的顶面。

图 4-1 工程曲面实例

曲面可以看成是线运动的轨迹,这种运动着的线叫母线,控制母线运动的线或面叫导线或导面,母线、导线或导面便是形成曲面的几何要素。由直母线运动形成的曲面叫直纹曲面,由曲母线运动形成的曲面叫非直纹曲面。母线在运动过程中的每一个位置都是曲面上的线,这些线叫曲面的素线。

如图 4-2 所示,直母线 AA_1 沿着 H 面上的曲导线 ABC 滑动时始终平行于直导线 L,即可形成一个直纹曲面。在这个直纹曲面上存在着许许多多的直线(直纹曲面的素线)。

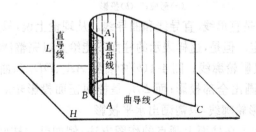

图 4-2 曲面的形成与要素

同一个曲面可能由几种不同的运动形式形成,例如图 4-3 所示的正圆柱:(a)直线绕着与它平行的轴线做回转运动;(b)铅垂线沿着水平圆滑动;(c)水平圆沿着铅垂方向平行移动。

曲面的种类繁多,下面主要介绍工程上常用的直纹曲面的形成和它们的图示方法。

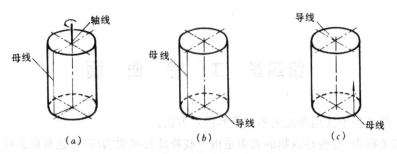

图 4-3 正圆柱形成的三种形式

第一节 柱面和锥面

一、柱面

如图 4-4(a) 所示,直母线 AA_1 沿着曲导线 $ABCD$ 移动,且始终平行于直导线 L,这样形成的曲面叫柱面。

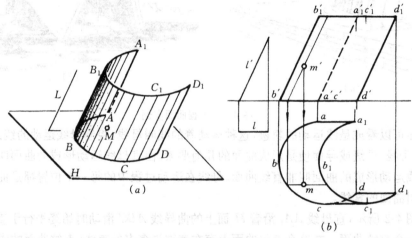

图 4-4 柱面的形成及投影
(a)形成; (b)投影

表示柱面的基本要素是直母线、直导线和曲导线。从理论上说,只要把这些要素的投影画出,则柱面即可完全确定。但是,这样表示的柱面不能给人以完整清晰的感觉,因此,还需要画出柱面的边界线和投影轮廓线。图 4-4(b) 中直线 AA_1、DD_1 和曲线 $ABCD$、$A_1B_1C_1D_1$ 都是柱面的边界线,需要画出全部投影;而 BB_1 是柱面正面投影轮廓线,只需画出正面投影;而 CC_1 是柱面水平投影轮廓线,只需画出水平投影。

在图 4-4(b) 中还表示了在柱面上画点的作图方法,例如已知柱面上 M 点的正面投影 m',则利用柱面上的素线为辅助线可以求出它的水平投影 m。

图 4-5(a)、(b)、(c) 给出了三种形式的柱面。当它们被一个与母线垂直的平面截切时,所得正截面是圆或椭圆。根据正截面的形状,把它们分别叫做正圆柱、正椭圆柱和斜椭圆柱。

二、锥面

如图 4-6(a) 所示,直母线 SA 沿着曲导线 $ABCDE$ 移动,且始终通过一点 S,这样形成

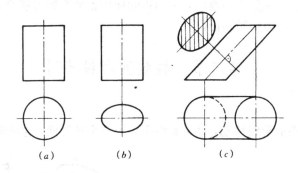

图 4-5　三种柱面

(a)正圆柱；　(b)正椭圆柱；　(c)斜椭圆柱

的曲面叫锥面。

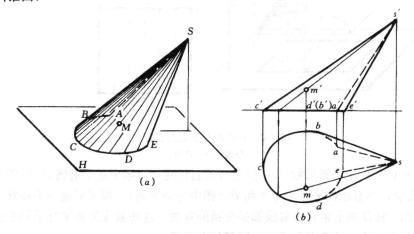

图 4-6　锥面的形成及投影

(a)形成；　(b)投影

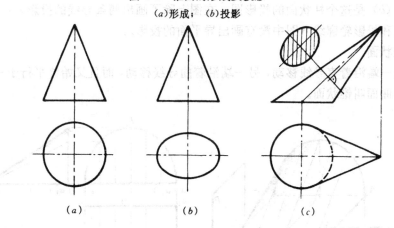

图 4-7　三种锥面

(a)正圆锥；　(b)正椭圆锥；　(c)斜椭圆锥

画锥面的投影时,必须画出锥顶 S 及导线 $ABCDE$ 的投影,此外还需要画出锥面的边界线 SA 和 SE 的投影以及正面投影轮廓线 SC 的正面投影和水平投影轮廓线 SB、SD 的水平投影(图 4-6(b))。图中还表明了以素线(过锥顶的直线)为辅助线在锥面上画点的方法。

图 4-7 中给出了三种形式的锥面，它们也同样用正截面的形状来命名：（a）为正圆锥，（b）为正椭圆锥，（c）为斜椭圆锥。

第二节　柱状面和锥状面

一、柱状面

直母线沿着两条曲导线移动，且又始终平行于一个导平面，这样形成的曲面叫柱状面。

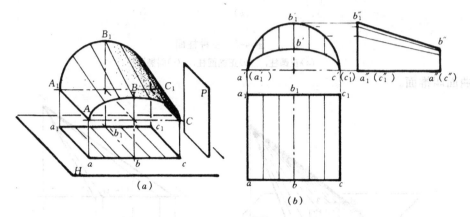

图 4-8　柱状面的形成及投影
(a)形成；　(b)投影

如图 4-8（a）所示，直母线 AA_1 沿着两条曲导线——半个正平椭圆 ABC 和半个正平圆 $A_1B_1C_1$ 移动，并且始终平行于导平面 P（图中为侧平面），即可形成一个柱状面。

可以看出，柱状面上相邻的素线都是交错的直线，这些素线又都平行于侧平面，都是侧平线，因此它们的水平投影和正面投影都相互平行。

图 4-8（b）是这个柱状面的投影图，在图上除了画出两条导线的投影外，还画出了曲面的边界线和投影轮廓线（图中没有画出导平面的投影）。

二、锥状面

直母线一端沿着直导线移动，另一端沿着曲导线移动，而且又始终平行于一个导平面，这样形成的曲面叫锥状面。

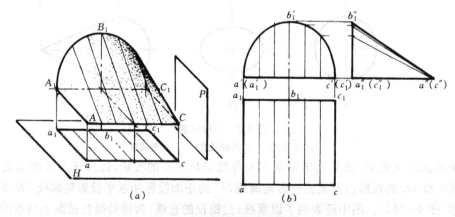

图 4-9　锥状面的形成及投影
(a)形成；　(b)投影

如图 4-9（a）所示，直母线 AA_1 沿着直导线 AC 和曲导线 $A_1B_1C_1$（半个椭圆）移动，且始终平行于导平面 P（侧平面），即可形成一个锥状面。

在这个锥状面上，相邻的素线也都是交错直线，所有的素线也都是侧平线，它们的水平投影和正面投影都相互平行。图 4-9（b）是锥状面的投影图，图中没有画出导平面。

第三节 单叶回转双曲面

两条交错直线，以其中一条直线为母线，另一条直线为轴线做回转运动，这样形成的曲面叫单叶回转双曲面。

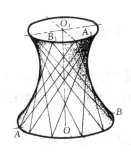

如图 4-10 所示，AA_1 和 OO_1 为两条交错直线，以 AA_1 为母线，OO_1 为轴线做回转运动，即可形成一个单叶回转双曲面。

在回转过程中，母线上各点运动的轨迹都是垂直于轴线的纬圆，纬圆的大小取决于母线上的点到轴线的距离。母线上距离轴线最近的点形成了曲面上最小的纬圆，称为喉圆。

从图 4-10 中可以看出，如果把母线 AA_1 换成到对称的 BB_1 位置上，那么这两个母线形成的是同一个单叶回转双曲面。可见，在单叶回转双曲面上存在着两族素线，

图 4-10 单叶回转双曲面的形成

同一族素线都是交错直线，不同族素线都是相交直线。

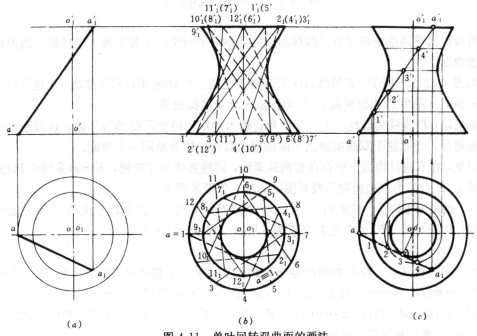

图 4-11 单叶回转双曲面的画法

(a)已知条件； (b)素线法作图； (c)纬圆法作图

画单叶回转双曲面的投影，同样要求画出边界线的投影和轮廓线的投影。

图 4-11（a）给出了单叶回转双曲面的母线 AA_1 和轴线 OO_1。

图 4-11（b）表明了投影图的画法——素线法，作图步骤如下：

（1）作出母线 AA_1 和轴线 OO_1 的两面投影；

（2）作出母线 AA_1 的两端点绕轴线 OO_1 回转形成的两个边界圆的两面投影；

（3）在水平投影上，自 a 点和 a_1 点起把两个边界圆作相同等分（图中为十二等分），得等分点 1、2……11、12 和 1_1、2_1、……11_1、12_1，向上引联系线，在正面投影上得等分点 $1'$、$2'$……$11'$、$12'$ 和 $1'_1$、$2'_1$……$11'_1$、$12'_1$；

（4）在水平投影上连素线 11_1、22_1……1111_1、1212_1，并以 O 点为圆心作圆与各素线相切，得喉圆的水平投影；

（5）在正面投影上连素线 $1'1'_1$、$2'2'_1$……$11'$、$11'_1$、$12'12'_1$，并且画出与各素线相切的曲线（包络线），得轮廓线的正面投影——双曲线。

图 4-11（c）表明了投影图的另一种画法——纬圆法，作图步骤如下：

（1）作出母线 AA_1 和轴线 OO_1 的两面投影；

（2）过 a 点和 a_1 点分别作出两个边界圆的水平投影，而后作出它们的正面投影；

（3）在母线 aa_1 上找出与轴线距离最近的点 3，并以 O 点为圆心、$O3$ 为半径画圆，得喉圆的水平投影，而后再作出喉圆的正面投影；

（4）在母线 aa_1 上适当地选定三个点 1、2 和 4，并且过这三个点分别作三个纬圆（先作水平投影，再作正面投影）；

（5）根据各纬圆的正面投影作出单叶回转双曲面轮廓线的投影——双曲线。

第四节 双曲抛物面

直母线沿着两条交错的直导线移动，并且始终平行于一个导平面，这样形成的曲面叫双曲抛物面。

如图 4-12（a）所示，直母线 AD 沿着两条交错的直导线 AB、CD 移动，并且平行于一个导平面 P（图中 P 为铅垂面），即可形成一个双曲抛物面。

如果以 CD 直线为母线，AD、BC 两直线为导线，铅垂面 Q 为导平面，也可形成一个双曲抛物面。显然这个双曲抛物面与前面那个双曲抛物面是同一个曲面。

可见，在双曲抛物面上也存在着两族素线，同族素线相互交错，不同族素线全部相交。

图 4-12（b）为双曲抛物面投影图的画法，作图步骤为：

（1）画出导平面（一铅垂面）P 的水平投影 P_H（符号 P_H 表示 P 平面的 H 面投影积聚成直线）以及导线 AB、CD 的各个投影（P_H 应与母线 ad 平行）；

（2）把导线 AB、CD 作相同的等分（图中为六等分），得等分点的各个投影 1、2……，$1'$、$2'$……和 $1''$、$2''$……以及 1_1、2_1……，$1'_1$、$2'_1$、……和 $1''_1$、$2''_1$……；

（3）连线，ad、11_1、22_1……bc，$a'd'$、$1'1'_1$、$2'2'_1$，……$b'c'$ 和 $a''d''$、$1''1''_1$、$2''2''_1$……$b''c''$，作出边界线和素线的各个投影；

（4）在正面投影上和侧面投影上，分别作出与各素线都相切的包络线（均为抛物线），完成曲面轮廓线的投影。

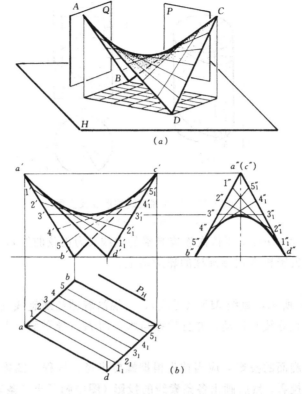

图 4-12　双曲抛物面的形成及投影

(a) 形成；　　(b) 投影

第五节　螺旋线及螺旋面

一、圆柱螺旋线

如图 4-13 (a) 所示，M 点沿着圆柱表面素线 AA_1 向上等速移动，而素线 AA_1 又同时绕着轴线 OO_1 等速转动，则 M 点的运动轨迹是一条圆柱螺旋线。这个圆柱叫导圆柱，圆柱的半径 R 叫螺旋半径，动点回转一周沿轴向移动的距离 h 叫导程。

图中表明了 M 点沿 AA_1 上升，AA_1 绕 OO_1 向右旋转形成的一条螺旋线；可想而知，如果 M 点沿 AA_1 上升，AA_1 绕 OO_1 向左旋转，同样可以形成另一条螺旋线。前者叫右螺旋线，后者叫左螺旋线。控制螺旋线的要素为螺旋半径 R、导程 h 和旋转方向。

图 4-13 (b) 为圆柱螺旋线投影图的画法，其步骤如下：

(1) 画出导圆柱的两面投影（圆柱的高度等于 h，圆柱的直径等于 $2R$）；

(2) 把导圆柱的底圆进行等分（图中作了八等分），并按右螺旋方向（反时针方向）进行编号 0、1、2……7、8；

(3) 把导程 h 作相同的等分，并且画出横向格线；

(4) 自 0、1、2……7、8 向上引联系线，并在横向格线上自下而上地、依次地找到相应的点 0′、1′、2′……7′、8′；

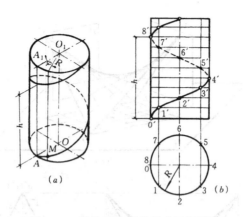

图 4-13　圆柱螺旋线的形成及投影

(a) 形成；　　(b) 投影

（5）将 $0'$、$1'$、$2'$……$7'$、$8'$ 依次连成光滑的曲线（为正弦曲线），完成螺旋线的正面投影，螺旋线的水平投影积聚在导圆柱的轮廓圆上。

二、平螺旋面

如图 4-14 (a) 所示，直线 MN（母线），一端沿着圆柱螺旋线（曲导线）移动，另一端沿着圆柱轴线（直导线）移动，并且始终与水平面 H（导平面）平行，这样形成的曲面叫平螺旋面。

为了画出平螺旋面的投影，应当首先根据螺旋半径、导程、螺旋方向画出导圆柱的轴线和圆柱螺旋线的投影，然后画出各条素线的投影（图中画了十二条素线）。由于平螺旋面的母线平行于水平面，所以平螺旋面的素线也都是水平线，它们的正面投影与轴线垂直，水平投影与轴线相交，见图 4-14 (b)。

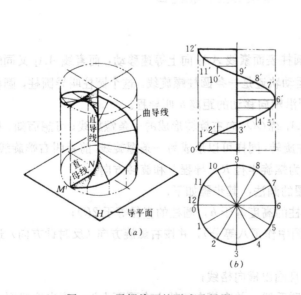

图 4-14　平螺旋面的形成及投影

(a) 形成：　　(b) 投影

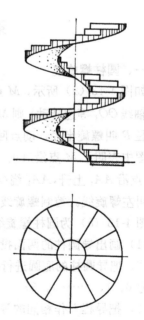

图 4-15　螺旋楼梯的投影

64

在建筑工程上，圆柱螺旋线和平螺旋面常见于螺旋楼梯。图 4-15 为一螺旋楼梯的两面投影图，请读者自己分析它的画法。

思 考 题

1. 柱面和锥面是怎样形成的？两者有何区别？
2. 柱状面和锥状面是怎样形成的？两者有何区别？
3. 单叶回转双曲面是怎样形成的？怎样画出它的投影？
4. 双曲抛物面是怎样形成的？怎样画出它的投影？
5. 试画出圆柱螺旋线和平螺旋面的两面投影图。

第五章 轴测投影

本章主要讨论工程上常用的两种轴测图——斜二测图和正等测图的画法。

第一节 轴测投影的基本知识

工程上广泛应用的图样是物体在相互垂直的两个或两个以上投影面上形成的多面投影图。轴测投影图是物体在一个投影面上形成的单面投影图。图 5-1 (a) 是一物体的三面投影图，(b)、(c) 是该物体的轴测投影图。比较两种图样可以看出：三面投影图能够反映物体表面的真实形状，度量性好，但立体感差，不易看懂；轴测投影图立体感好，容易看懂，但物体表面形状不真实，度量性差。因此，轴测投影图一般只做为 多面投影图的辅助图样。

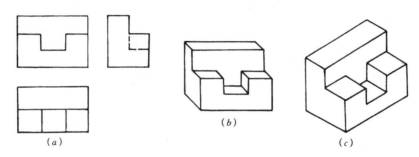

图 5-1 物体的三面投影图和 轴测投影图

(a) 三面正投影图；(b) 轴测投影图（斜二测）；(c) 轴测投影图（正等测）

一、轴测投影的形成和分类

如图 5-2 所示，把空间物体连同确定该物体长、宽、高三个方向的直角坐标轴 $O-XYZ$，沿着投影方向 S_∞，向一个投影面 P 作平行投影，所得单面投影图称为轴测投影图。这种投影方法称为轴测投影法，S_∞ 方向称为轴测投影方向，P 平面称为轴测投影面。

轴测投影法分为两大类：当投影方向 S_∞ 垂直于投影面 P 时，称为正轴测投影法，所得投影图称为正轴测投影图；当投影方向 S_∞ 倾斜于投影面 P 时，称为斜轴测投影法，所得投影图称为斜轴测投影图。

二、轴间角和轴向变形系数

在图 5-2 中，$O-XYZ$ 是表示空间物体长、宽、高三个尺度方向的直角坐标轴。$O_1-X_1Y_1Z_1$ 是它在投影面 P 上的轴测投影，称为轴测轴。轴测轴表明了轴测图中长、宽、高三个尺度方向。轴测轴中相邻两轴之间的夹角 $\angle X_1O_1Y_1$、$\angle X_1O_1Z_1$、$\angle Y_1O_1Z_1$ 称为轴间角。轴测轴和空间坐标轴之间对应尺寸的比值 $\dfrac{O_1X_1}{OX}=p$、$\dfrac{O_1Y_1}{OY}=q$，$\dfrac{O_1Z_1}{OZ}=r$ 称为轴向变形系数。

轴间角和轴向变形系数是轴测投影中两组重要参数。给出轴间角和轴向变形系数就可

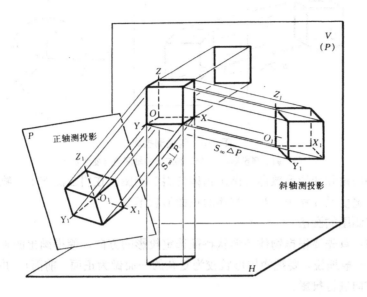

图 5-2　轴测投影的形成及分类

以确定轴测图中的轴向（长向、宽向、高向）和轴向尺寸（长度、宽度、高度），有了轴向和轴向尺寸也就可以画轴测图了。

因为轴测投影是单面的平行投影，所以平行投影中的基本性质（如从属性、定比性、平行性）在轴测投影中依然存在，画图时应该充分利用这些性质。

第二节　斜轴测投影

当投影方向 S_∞ 与投影面 P 倾斜、坐标面 XOZ（即物体的正立面）与投影面 P 平行时，所得平行投影为正面斜轴测投影。在正面斜轴测投影中，最常用的是两个轴向变形系数相等、一个不等（$p=\gamma\neq q$）的正面斜二等轴测投影，简称斜二测。

本节只讨论斜二测的轴间角、轴向变形系数以及斜二测图的画法。

一、斜二测的轴间角和轴向变形系数

如图 5-3（a）所示，让坐标面 XOZ 平行于轴测投影面 P，投影方向 S_∞ 倾斜于投影面 P。在这样的条件下，把物体向投影面 P 进行斜投影，即得正面斜轴测投影。

因为坐标面 XOZ 平行于投影面 P，所以轴间角 $\angle X_1O_1Z_1=90°$，而且长向变形系数 $\dfrac{O_1X_1}{OX}=1$（$O_1X_1=OX$），高向变形系数 $\dfrac{O_1Z_1}{OZ}=1$（$O_1Z_1=OZ$）。至于轴测轴中 O_1Y_1 的方向则与投影方向 S_∞ 有关，O_1Y_1 的长短则与投影方向 S_∞ 和投影面 P 的倾斜角度 ϕ 有关。为作图方便和获得较好的直观效果，取轴间角 $\angle X_1O_1Y_1=\angle Y_1O_1Z_1=135°$，取宽向变形系数 $\dfrac{O_1Y_1}{OY}=0.5$（此时 ϕ 角等于 $63°26'$）。

图 5-3（b）表明了斜二测的轴间角和变形系数，画图时应将 O_1Z_1 轴放在铅垂位置上，O_1X_1 轴放在水平位置上，O_1Y_1 轴与水平方向成 $45°$ 角。

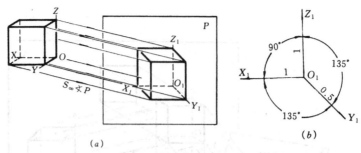

图 5-3 斜轴测投影

(a) 斜二测投影； (b) 斜二测的轴间角与变形系数

用上述轴间角和变形系数即可画出物体的斜二测图。在斜二测图上，物体的长度、高度尺寸不变，宽度尺寸缩小一半，物体的正面形状不变。

二、斜二测图的画法

画图之前，首先要根据物体的形状特征选定投影的方向，使得画出的轴测图具有最佳的表达效果。一般地说，要把物体形状较为复杂的一面做为正面（前面），并且从左前上方向或右前上方向进行投影。

下面通过例题说明物体斜二测图的画法。

【例 5-1】 作出四棱锥的斜二测图（图 5-4）。

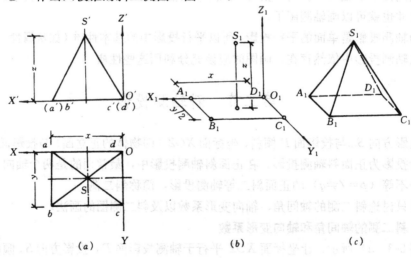

图 5-4 作四棱锥的斜二测图

图中表明了四棱锥斜二测图的作图步骤：

（1）在四棱锥上引进坐标轴，使坐标原点 O 与底面上的顶点 D 重合，坐标面 XOY 与底面 $ABCD$ 重合（图 5-4（a））；

（2）根据轴间角画出轴测轴 $O_1-X_1Y_1Z_1$，并根据 A、B、C、D、和 S 各点的坐标，作出它们的轴测投影 A_1、B_1、C_1、D_1 和 S_1（注意量取 Y 坐标值时应取一半，图 5-4（b））；

（3）用粗实线连接各棱线 S_1A_1、S_1B_1、S_1C_1、A_1B_1、B_1C_1（S_1D_1、A_1D_1 及 C_1D_1 三条棱线看不见，不必画出），完成四棱锥的斜二测图（图 5-4（c））。

【例 5-2】 作混凝土花饰的斜二测图（图 5-5）。

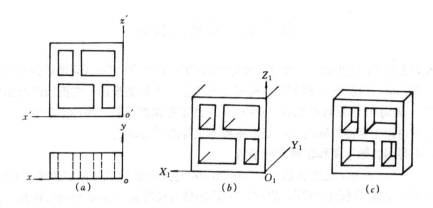

图 5-5 混凝土花饰的斜二测图

图 5-5 表明混凝土花饰斜二测图的画法，其步骤如下：

（1）取坐标面 XOZ 与花饰的正面重合，坐标原点 O 在右前下角（图 5-5（a））；

（2）画出轴测轴和花饰的正面实形，并从各角点引出 O_1Y_1 轴的平行线（只画看得见的七条线，图 5-5（b））；

（3）在引出的平行线上截取花饰宽度的一半，并画出花饰后面可见的轮廓线，去掉轴测轴，加深图线，即得花饰的斜二测图（图 5-5（c））。

【例 5-3】 作挡土墙的斜二测图（图 5-6）。

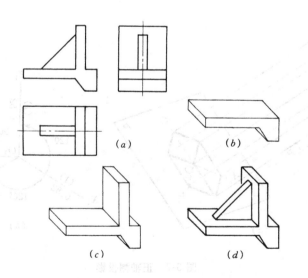

图 5-6 挡土墙的斜二测图

图 5-6（a）所示的挡土墙是由底板、竖墙和扶壁三部分形体组成，画图时要一个个地去画，逐步完成整体图形。具体画法如下：

（1）画出底板的斜二测图（图 5-6（b））；

（2）在底板的上面画出竖墙的斜二测图，注意左右位置关系（图 5-6（c））；

（3）在底板的上面，竖墙的左面，画出扶壁的斜二测图，注意前后居中，完成挡土墙的斜二测图（图 5-6（d））。

第三节　正轴测投影

当投影方向 S_∞ 与投影面 P 垂直，坐标面 XOY、XOZ 和 YOZ（即物体的水平面、正立面和侧立面）都与投影面 P 倾斜时，所得平行投影为正轴测投影。在正轴测投影中，最常用的是三个轴向变形系数都相等（$p=q=r$）的正等轴测投影，简称正等测。

本节只讨论正等测的轴间角、变形系数和正等测图的画法。

一、正等测的轴间角和轴向变形系数

如图 5-7（a）所示，让坐标轴 OX、OY 和 OZ 与投影面 P 成相同的角度（这是个定角，等于 35°16′），此时坐标面 XOY、XOZ、YOZ 必然与投影面 P 也成相同的倾角。在这样的条件下，把物体向投影面 P 进行正投影，即为正等轴测投影。

因为三个坐标面与投影面成相同的倾角，所以三个轴间角应该相等，即 $\angle X_1O_1Y_1 = \angle X_1O_1Z_1 = \angle Y_1O_1Z_1 = 120°$；又因为三个坐标轴与投影面成相同的夹角，所以三个变形系数应该相等，即 $p=q=r=0.82$，这是计算出来的理论系数。

显然，用这样的理论系数画图时，需将物体上所有的轴向尺寸都缩小 0.82 倍，非常不便。因此，实际画图时取 $p=q=r=1$，这是为了简化作图而规定的简化系数。用简化系数作图时，物体上所有的轴向尺寸都等于实际尺寸，作图非常方便。

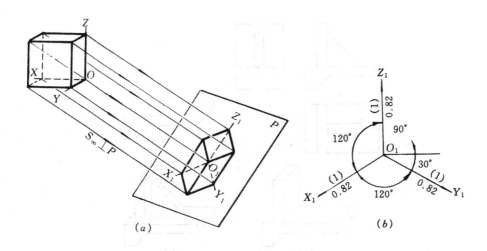

图 5-7　正轴测投影

（a）正等测投影；　（b）正等测的轴间角和变形系数

图 5-7（b）表明了正等测图的轴间角和变形系数（理论系数和简化系数），画图时要把 O_1Z_1 轴放在铅垂位置上，O_1X_1 轴、O_1Y_1 轴与水平方向成 30°角。

用上述轴间角和变形系数（采用简化系数）即可画出物体的正等测图。在正等测图上，物体所有的轴向尺寸（长度、宽度、高度）都不改变，但画出的正等测图被放大了 $\frac{1}{0.82} \approx$ 1.22 倍。

二、正等测图的画法

正等测图的画法与斜二测图的画法是类似的，只是轴间角与轴向变形系数有所不同。下面举例说明正等测图的画法。

【例 5-4】 作出六棱柱的正等测图（图 5-8）。

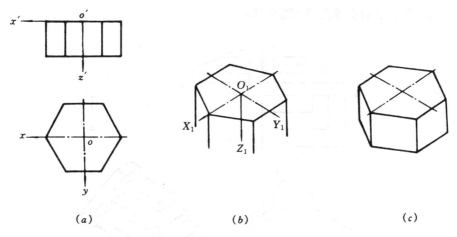

(a) (b) (c)

图 5-8　六棱柱的正等测图

具体步骤如下：

(1)把坐标原点 O 定在顶面正六边形中心 线的交点上,OX 轴和 OY 轴放在中心线上,OZ 轴方向向下（图 5-8a）；

(2)画出正等测的轴测轴 $O_1-X_1Y_1Z_1$，并且根据坐标画出顶面正六边形的轴测图（图 5-8b）；

(3)根据六棱柱的高度画出六棱柱的侧棱和底面轮廓线（只画出可见的棱线，图 5-8c）。

【例 5-5】 作水池的正等测图（图 5-9）。

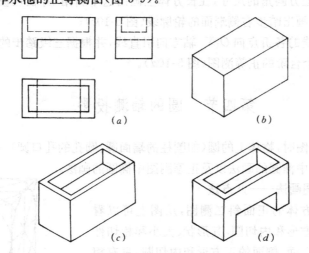

(a) (b)

(c) (d)

图 5-9　水池的正等测图

图 5-9(a)所示的水池可以看成是长方体经过挖切面成的形体,画轴测图时也要用挖切的方法逐步地完成作图,具体步骤是：

(1)根据水池的总体尺寸画出一长方体的正等测图（图 5-9b）；

（2）根据水池池壁的厚度、深度,在所画长方体的上部中间部位挖掉一个长方体——形成上面水池(图5-9c);

（3）根据支座的尺寸,在下面中间部位再挖掉一个长方体——形成两侧支座,完成整个水池的正等测图(图5-9d)。

【例5-6】 作台阶的正等测图（图5-10）。

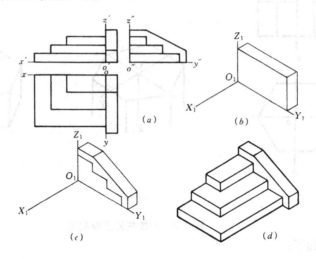

图 5-10 台阶的正等测图

从图5-10(a)所示台阶的正投影图中,可以看出,台阶由右侧拦板和三级踏步组成。画图时,可以先画右侧拦板,而后再画踏步,具体作图步骤如下:

（1）在台阶的三面投影图 上引进直角坐标轴(图5-10a);

（2）画出轴测轴,并根据拦板的长度、宽度和高度画出一个长方体(图5-10b);

（3）根据拦板前上方斜角的尺寸,在长方体上画出这个斜角,并在拦板的左侧平面上根据踏步的宽度和高度画出踏步右侧端面的轮廓线(图5-10c);

（4）过端面轮廓线的各折点向 O_1X_1 轴方向引直线,并根据三级踏步的三个长度尺寸画出三级踏步,完成整个台阶的正等测图(图5-10d)。

第四节　圆的轴测投影

在画物体的轴测图时,物体上的圆(如圆柱的端面圆、圆孔的孔口圆),一般都变成椭圆。本节将介绍斜二测图中椭圆的画法以及正等测图中椭圆的画法。

一、圆的斜二测图画法——八点法

图5-11为一立方体的正面斜二测图,从图上可以看出:立方体正面的正方形和内切圆,其形状、大小和相切性质都不变,而立方体上面、侧面的正方形和内切圆,只有相切性质不变,形状、大小都改变了——正方形变成平行四边形,内切圆变成内切椭圆。在斜二测图中画这些椭圆时要用八点法。

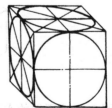

图 5-11　平行坐标面的

圆的斜二测图

72

图 5-12 表明了用八点法画水平圆斜二测的作图步骤：

（1）作圆的外切正方形 $abcd$ 与圆相切于 1、2、3、4 四个切点，连正方形对角线与圆相交于 5、6、7、8 四个交点（图 5-12a）；

（2）根据 1、2、3、4 四点的坐标，在轴测图上定出 1_1、2_1、3_1、4_1 四点的位置，并作出外切正方形 $abcd$ 的斜二测——平行四边形 $a_1b_1c_1d_1$（图 5-12b）；

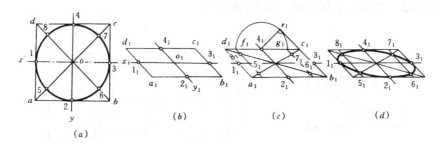

(a)　(b)　(c)　(d)

图 5-12　圆的斜二测画法——八点法

（3）连平行四边形的对角线 a_1c_1、b_1d_1，由 4_1 点向 b_1c_1 的延长线作垂线得垂足 e_1，以 4_1 为圆心、4_1e_1 为半径画圆弧与 c_1d_1 边交于 f_1、g_1 两点，过 f_1、g_1 分别作两条直线与 a_1d_1 平行并与平行四边形的对角线交于 5_1、6_1、7_1、8_1 四个点（图 5-12c）；

（4）用曲线光滑地连接 1_1、2_1……8_1 八个点，即为所画的椭圆（图 5-12d）。

侧平圆斜二测同水平圆斜二测的画法完全一样，只是椭圆的方向有所不同。

【例 5-7】　作拱门的斜二测图（图 5-13）。

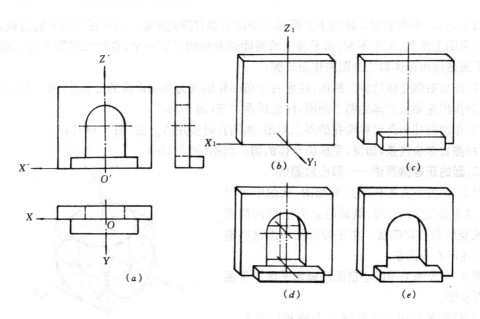

(a)　(b)　(c)　(d)　(e)

图 5-13　拱门的斜二测图

图 5-13 所示的拱门由墙体、台阶、门洞等多个形体组成，画图时应一个个地去画，逐步完成整体图形。图中表明了它的画法：

（1）把 XOY 坐标面选在地上，XOZ 坐标面选在墙体的前面，OZ 轴在拱门的中心线上

73

（图 5-13a）；

（2）画出墙体的斜二测图（图 5-13b）；

（3）画出台阶的斜二测图，注意台阶要居中，台阶的后面要靠在墙的前面（图 5-13c）；

（4）画出门洞的斜二测图，注意画出从门洞中看到的门洞的后边缘（图 5-13d）。

（5）擦去多余线条，加深、完成拱门的斜二测图（图 5-13e）。

【例 5-8】　作出组合体的斜二测图（图 5-14）。

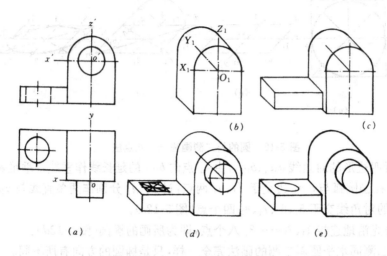

图 5-14　组合体的斜二测图

图 5-14(a)中所示组合体的正立面和水平面上都有圆或半圆。其中正立面上的圆较多，在斜二测图上形状、大小不变；水平面上的圆能够看到的只有一个，在斜二测图上要变成椭圆。下面是该组合体斜二测图的作图步骤：

（1）作出右侧立体的斜二测图，注意右上角的轮廓线为两端面圆的公切线（图 5-14b）；

（2）作出左侧长方体的斜二测图，注意后面对齐（图 5-14c）；

（3）作出圆柱形凸台和圆孔的斜二测图，画圆孔时要用八点法（图 5-14d）；

（4）擦去多余线条，加深、完成组合体的斜二测图（图 5-14e）。

二、圆的正等测画法——四心扁圆法

图 5-15 为一立方体的正等测图，从图中可以看出：立方体正面、上面、侧面的正方形和内切圆均变成菱形和内切椭圆。在正等测图中画这些椭圆时要用四心扁圆法。

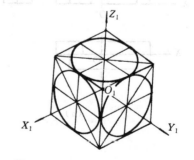

图 5-16 表明了用四心扁圆法画水平圆正等测的作图步骤：

（1）作圆的外切正方形 $abcd$ 与圆相切于 1、2、3、4 四个切点（图 5-16a）；

图 5-15　平行于坐标面的圆的正等测图

（2）根据 1、2、3、4 点的坐标，在轴测轴上定出 1_1、2_1、3_1、4_1 四点的位置，并作出外切正方形 $abcd$ 的正等测图——菱形 $a_1b_1c_1d_1$（图 5-16b）；

(3)连 $a_1 4_1$ 和 $c_1 2_1$，并与菱形对角线 $b_1 d_1$ 分别交于 e_1、f_1 两点，则 a_1、c_1、e_1、f_1 为四个圆心（图 5-16c）；

(4)以 a_1 为圆心、$a_1 4_1$ 为半径和以 c_1 为圆心、$c_1 2_1$（等于 $a_1 4_1$）为半径作圆弧，这两个圆弧上、下对称（图 5-16(d)）；

(5)以 e_1 为圆心、$e_1 4_1$ 为半径和以 f_1 为圆心、$f_1 2_1$（等于 $e_1 4_1$）为半径作圆弧，这两个圆弧左、右对称（图 5-16e）。

四段圆弧构成一个扁圆（四个切点是四段圆弧的连接点），这个扁圆可以看成是近似的椭圆。

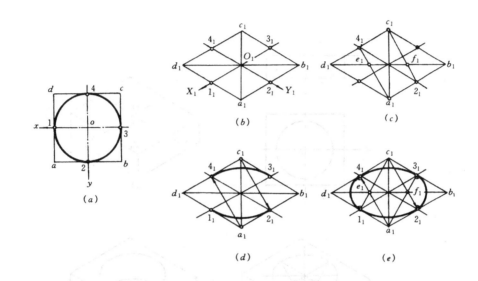

图 5-16　圆的正等测画法——四心扁圆法

正平圆、侧平圆的正等测图同水平圆的正等测图画法完全一样。但要注意：水平圆投影成椭圆时，长轴垂直于 $O_1 Z_1$ 轴；正平圆投影成椭圆时，长轴垂直于 $O_1 Y_1$ 轴；侧平圆投影成椭圆时，长轴垂直于 $O_1 X_1$ 轴。

【例 5-9】　作出带有圆孔的底板的正等测图（图 5-17）。

图 5-17(a)所示形体为一长方形底板，中间带有一圆柱形通孔，它的正等测图画法如下：

(1)画出长方形底板的正等测图（图 5-17b）；

(2)在底板的上面用四心扁圆法作出圆孔的正等测图，注意从圆孔内可以看到的底面上圆的部分轮廓线（图 5-17c）；

(3)擦去多余的线条，加深图线，完成形体的正等测图（图 5-17d）。

前面所述的四心扁圆法还可以演变为切点垂线法，用这种方法画圆弧的正等测图更为简便。

从图 5-16(e)中可以发现：$\triangle a_1 b_1 c_1$ 为等边三角形，三角形的中线即是三角形的高线，即 $c_1 2_1 \perp a_1 b_1$。也就是说，扁圆中大圆弧 $1_1 2_1$（1/4 圆弧 12 的正等测图）的圆心 c_1 在过切点 1_1 和 2_1 的两条垂线上；扁圆中小圆弧 $2_1 3_1$（1/4 圆弧 23 的正等测图）的圆心 f_1，在过切点 2_1 和 3_1 的两条垂线上。这就是切点垂线法的作图原理。

图 5-18(a)给出了带有两个圆角(半径都等于 R 的 1/4 圆弧)的长方形。

图 5-18(b)是它的正等测图,其中圆角的画法是:

(1)自 1_1 点起沿 1_14_1 和 1_12_1 截取 a_1 和 b_1,使 $1_1a_1=1_1b_1=R$;

(2)自切点 a_1 和 b_1 分别作 1_14_1 和 1_12_1 的垂线,找到它们的交点 e_1,并以 e_1 为圆心、e_1a_1 为半径画圆弧 a_1b_1,即为 1/4 圆弧 ab 的正等测;

(3)自 2_1 点起沿 2_11_1 和 2_13_1 截取 c_1 和 d_1,使 $2_1c_1=2_1d_1=R$;

(4)自切点 c_1 和 d_1 分别作 2_11_1 和 2_13_1 的垂线,找到它们的交点 f_1,并以 f_1 为圆心、f_1c_1 为半径画圆弧 c_1d_1,即为 1/4 圆弧 cd 的正等测。

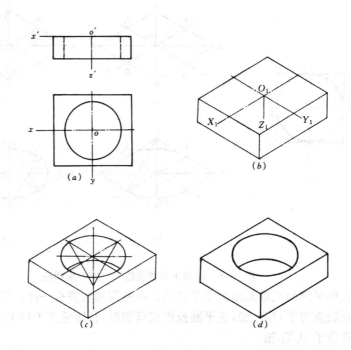

图 5-17　带圆孔底板的正等测图

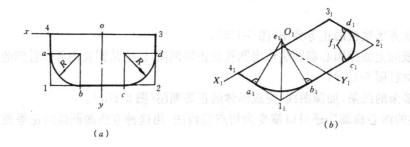

图 5-18　圆角的正等测图画法——切点垂线法

【例 5-10】　作出组合体的正等测图(图 5-19)。

图 5-19(a)所示的组合体,下部为带有两个圆角(大小相同)的底板,上部为带有圆孔和半圆柱体的立板。它的正等测图画法如下:

(1)在两面投影图上引进坐标轴,坐标面 XOY 放在底板和立板的分界面上,OZ 轴放在立板的中心线上(图 5-19a);

(2)画出轴测轴 $O_1-X_1Y_1Z_1$,并作底板的正等测图(先画上面,后画下面),左右圆角用切点垂线法画,右侧圆角的轮廓线应为两圆弧的公切线(图 5-19b);

(3)作立板的正等测图(先画前面,再画后面),上部半圆柱体用四心扁圆法画,右上角轮廓线应是前后椭圆的公切线(图 5-19c);

(4)用四心扁圆法画出立板上圆孔的正等测图(先画前面,再画后面),注意从圆孔内可以看到的后面圆的部分轮廓线(图 5-19d);

(5)擦去多余的线条,加深图线,完成组合体的正等测图(图 5-19e)。

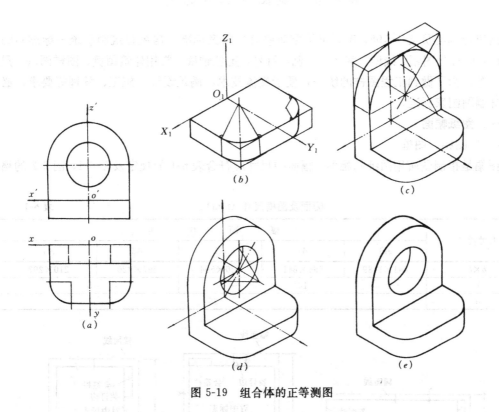

图 5-19　组合体的正等测图

思　考　题

1. 什么是轴测投影?什么是轴间角、变形系数?
2. 正等测、斜二测的轴间角和变形系数都是多少?
3. 正等测的简化系数是多少?采用简化系数后对正等测有何影响?
4. 试述八点法和四心扁圆法的作图步骤。
5. 画轴测图的基本方法是什么?
6. 什么情况下,选用正等测图?什么情况下选用斜二测图?

第六章 制图的基本知识

本章主要介绍《房屋建筑制图统一标准》、绘图工具和仪器的使用方法、几何作图等绘图基本知识。

第一节 制图的基本规定

国家计划委员会于 1987 年颁布了重新修订的国家标准《房屋建筑制图统一标准GBJ 1—86》,内容分图幅、线型、字体、比例、符号、定位轴线、常用建筑图例、图样画法、尺寸标注等。为了做到工程图样的统一,便于交流技术,满足设计、施工、管理等要求,必须遵守制图国家标准。

一、图纸幅面

(一)图幅、图框

图幅是指制图所用图纸的幅面。幅面的尺寸应符合表 6-1 的规定及图 6-1、图 6-2 的格式。

幅面及图框尺寸(mm)　　　　　　　　　　　　　　　　　　表 6-1

尺寸代号	幅 面 代 号				
	A0	A1	A2	A3	A4
$b \times l$	841×1189	594×841	420×594	297×420	210×297
c	10			5	
a	25				

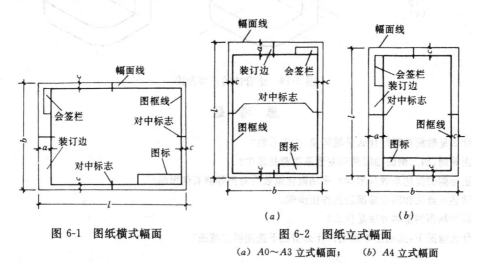

图 6-1　图纸横式幅面　　　　　图 6-2　图纸立式幅面

(a) A0~A3 立式幅面;　　(b) A4 立式幅面

幅面的长边与短边的比例 $l:b=\sqrt{2}$。A0 号图纸的面积为 1m²,长边为 1189mm,短边为 841mm。A1 号图纸幅面是 A0 号图纸幅面的对开,A2 号图纸幅面是 A1 号图纸幅面的

78

对开，以下类推。

图纸通常有两种形式——横式和立式，以长边为水平边的称横式（见图6-1），以短边为水平边的称立式（见图6-2）。

画图时必须要在图幅内画上图框，图框线与图幅线的间隔 a 和 c 应符合表6-1的规定，见图6-1和图6-2。

绘图时可以根据需要加长图纸的长边（短边不得加长），但应遵守表6-2的规定。

图纸长边加长尺寸（mm）   表6-2

幅 面 代 号	长 边 尺 寸	长 边 加 长 后 尺 寸				
A0	1189	1338 2081	1487 2230	1635 2387	1784	1932
A1	841	1051 2102	1261	1472	1682	1892
A2	594	743 1487	892 1635	1041 1784	1189 1932	1338 2081
A3	420	631 1682	841 1892	1051	1261	1472

注：有特殊需要的图纸，可采用 $b \times l$ 为841mm×892mm 与1189mm×1261mm 的幅面。

（二）图标与会签栏

工程图纸的图名、图号、比例、设计人姓名、审核人姓名、日期等要集中制成一个表格栏放在图纸的右下角（见图6-1和图6-2），此栏称为标题栏，也称图标，如图6-3所示。

学生制图作业的图标，可以采用图6-4所示的格式。

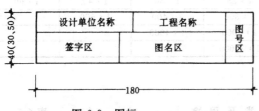

图 6-3 图标

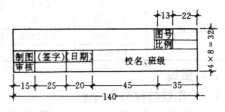

图 6-4 制图作业的图标

会签栏是各工种负责人签字用的表格，见图6-5。需要会签的图纸，要在图纸的规定位置画出会签栏，见图6-1、图6-2。

图纸的图框线，图标的外框线、分格线的线宽应符合表6-3的规定。

图 6-5 会签栏

图框、图标线的线宽（mm） 表6-3

图幅代号	图框线	图 标	
		外框线	分格线
A0、A1	1.4	0.7	0.35
A2、A3、A4	1.0	0.7	0.35

二、比例

图样的比例,应为图形与实物相对应的线性尺寸之比。比例的大小是指比值的大小,如1∶50 大于 1∶100。

比例应以阿拉伯数字表示,如 1∶1、1∶2、1∶3 等。图 6-6 是对同一个形体画出的三种不同比例的图形。

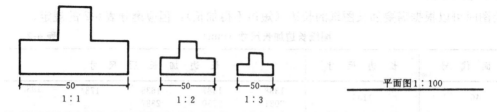

—50—
1∶1

—50—
1∶2

—50—
1∶3

平面图1∶100

图 6-6 三种不同比例的图形   图 6-7 比例的注写

比例宜注写在图名的右侧,字的底边线应取平,比例的字号应比图名的字号小一号或两号,如图 6-7 所示。

绘图所用的比例,应根据图样的用途和复杂程度,从表 6-4 中选用,并优先选用表中常用比例。

一般情况下,一个图样应选用一种比例,并将比例注写在图名的右下方。

绘 图 所 用 比 例   表 6-4

常用比例	1∶1	1∶2	1∶5	1∶10	1∶20	1∶50
	1∶100	1∶200	1∶500	1∶1000		
	1∶2000	1∶5000	1∶10000	1∶20000		
	1∶50000	1∶100000	1∶200000			
可用比例	1∶3	1∶15	1∶25	1∶30	1∶40	1∶60
	1∶150	1∶250	1∶300	1∶400	1∶600	
	1∶1500	1∶2500	1∶3000	1∶4000		
	1∶6000	1∶15000	1∶30000			

三、图线
(一) 图线的种类和用途

图 线 的 种 类 及 用 途   表 6-5

名 称		线 型	线 宽	一 般 用 途
实线	粗	————————	b	主要可见轮廓线
	中	————————	$0.5b$	可见轮廓线
	细	————————	$0.35b$	可见轮廓线,图例线等
虚线	粗	— — — — —	b	见有关专业制图标准
	中	- - - - - -	$0.5b$	不可见轮廓线
	细	- - - - - -	$0.35b$	不可见轮廓线,图例线等
点划线	粗	—·—·—·—	b	见有关专业制图标准
	中	—·—·—·—	$0.5b$	见有关专业制图标准
	细	—·—·—·—	$0.35b$	中心线、对称线等

名 称		线 型	线 宽	一 般 用 途
双点划线	粗		b	见有关专业制图标准
	中		$0.5b$	见有关专业制图标准
	细		$0.35b$	假想轮廓线,成型前原始轮廓线
折断线			$0.35b$	断开界线
波浪线			$0.35b$	断开界线

线 宽 组 （mm） 表 6-6

粗 b	2.0	1.4	1.0	0.7	0.5	0.35
中 $0.5b$	1.0	0.7	0.5	0.35	0.25	0.18
细 $0.35b$	0.7	0.5	0.35	0.25	0.18	

在工程制图中,应根据图样的内容,选用不同的线型和不同粗细的图线。土建图样的图线线型有实线、虚线、点划线、双点划线、折断线、波浪线等。除了折断线和波浪线外,其它每种线型又都有粗、中、细三种不同的线宽,如表6-5所示。

绘图时应根据所绘图样的繁简程度及比例大小,先确定粗线线宽b,线宽b的数值可从表6-6的第一行中选取。粗线线宽确定以后,和它成比例的中粗线线宽以及细线线宽也就随之确定了。

（二）图线的画法及注意事项

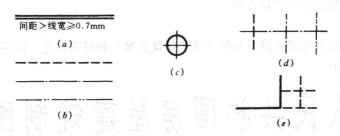

图 6-8　图线的画法及注意事项

（1）各种图线的画法见表6-5;

（2）相互平行的图线,其间隙不宜小于其中粗线的宽度,且不宜小于0.7mm,见图6-8（*a*）;

（3）虚线、点划线或双点划线的线段长度和间隔,宜各自相等,见图6-8（*b*）;

（4）点划线或双点划线,当在较小的图形中绘制有困难时,可用细实线代替,见图6-8（*c*）;

（5）点划线或双点划线的两端不应是点,点划线与点划线交接或点划线与其他图线交接时应是线段交接,见图6-8（*d*）;

（6）虚线与虚线交接或虚线与其它图线交接时应是线段交接,虚线为实线的延长线时不得与实线连接,见图6-8（*e*）。

四、常用建筑材料图例

在建筑工程图中所用建筑材料，用材料图例来表示。常用的建筑材料图例如图 6-9 所示。其余的可查《房屋建筑制图统一标准》。

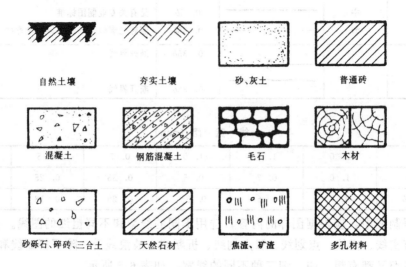

图 6-9　常用建筑材料图例

五、字体

在工程图纸上，图形必须画得正确、标准，同时文字也必须写得清楚、规范。制图中常用的字有汉字、阿拉伯数字和拉丁字母，有时也会出现罗马数字、希腊字母等。

制图国家标准规定：图纸上需要书写的文字、数字或符号等，均应笔划清晰、字体端正、排列整齐，标点符号清楚正确。

（一）汉字

汉字的书写应遵守国务院公布的《汉字简化方案》和有关规定，汉字一律书写成长仿宋字体，见图 6-10。

中华人民共和国房屋建筑制图统一

标准幅面规格编排顺序结构给水供

热通风道路桥梁材料机械自动化字

体线型比例符号定位尺寸标注名词

图 6-10　长仿宋字体

长仿宋体字高宽关系（mm）　　　　　　　　　表6-7

字高	20	14	10	7	5	3.5	2.5
字宽	14	10	7	5	3.5	2.5	1.8

1. 汉字的规格

汉字的字高用字号来表示，如高为5mm的字就是5号字。常用的字号有2.5、3.5、5、7、10、14、20等号。如需要书写更大的字，则字高应以$\sqrt{2}$的比值递增。汉字字高应不小于3.5mm。

长仿宋字应写成直体字，其字高与字宽应符合表6-7的规定。

2. 长仿宋字的基本笔划及笔法

长仿宋字的基本笔划与笔法，见表6-8。

长仿宋字体的基本笔划及笔法　　　　　　　　表6-8

名称	横	竖	撇	捺	挑	钩		点	
	平横	竖	曲撇	斜捺	平挑	竖钩	竖弯钩	长点	垂点
笔划形状	一 斜横	丨 直竖	丿 竖撇	乀 平捺	一 斜挑	亅 斜曲钩	乚 包折钩	丶 上挑点	丶 下挑点
笔法	二	丨丨	冫	乁	一	乚	乛	丶	丶丶
例字	工土	上中	人形	尺建	比结	侧划	机构	泥热	楼总

3. 长仿宋字的写法

书写长仿宋字时，其要领是：高宽足格、注意起落、横平竖直、结构匀称、笔划清楚、字体端正、间隔均匀、排列整齐。

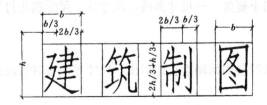

图 6-11　长仿宋体的字形结构

书写长仿宋字时，要注意字形结构，见图 6-11。书写时特别要注意起笔、落笔、转折和收笔，务必做到干净利落，笔划不可有歪曲、重迭和脱节等现象。同时要根据整体结构的类型和特点，灵活地调整笔划间隔，以增强整字的匀称和美观。要写好长仿宋字，平时应该多看、多摹、多写，并且持之以恒。

（二）拉丁字母、阿拉伯数字和罗马数字

拉丁字母、阿拉伯数字和罗马数字的书写应符合表 6-9 的规定。

拉丁字母、阿拉伯数字、罗马数字书写规则

表 6-9

		一般字体	窄字体
字 母 高	大写字母	h	h
	小写字母（上下均无延伸）	$(7/10)\,h$	$(10/4)\,h$
小写字母向上或向下延伸部分		$(3/10)\,h$	$(4/14)\,h$
笔 画 宽 度		$(1/10)\,h$	$(1/14)\,h$
间 隔	字母间	$(2/10)\,h$	$(2/14)\,h$
	上下行底线间最小间距	$(14/10)\,h$	$(20/14)\,h$
	文字间最小间隔	$(6/10)\,h$	$(6/14)\,h$

注：1. 小写拉丁字母 a、c、m、n 等上下均无延伸；j 上下均有延伸。

2. 字母的间隔，如需排列紧凑，可按表中字母的最小间隔减半。

拉丁字母、阿拉伯数字和罗马数字都可以根据需要写成直体或斜体。斜体的倾斜度应是从底线向右倾斜 75°，其宽度和高度与相应的直体等同。数字和字母按其笔划宽度又分为一般字体和窄字体两种。书写示例见图表 6-12。

六、尺寸标注

图样只能表示形体的形状，不能表示形体的大小和位置关系，形体的大小和位置是通过尺寸标注解决的。下面介绍制图标准中常用尺寸的标注方法。

（一）线段的尺寸标注

标注线段尺寸，包括四个要素——尺寸界线、尺寸线、尺寸起止符号（界标）和尺寸数字，如图 6-13 所示。

1. 尺寸界线

尺寸界线要用细实线从线段的两端垂直地引出，尺寸界线有时可用图形线代替（见图6-13、图 6-14）。

2. 尺寸线

尺寸线应与所标注的线段平行，与尺寸界线垂直相交，相交处尺寸线不宜超过尺寸界

ABCDEFGHIJKLMNO

PQRSTUVWXYZ

abcdefghijklmnopq

rstuvwxyz

1234567890 I V X φ

ABCabcd 1234 IV

(a) 字母及数字的一般字体(笔划宽度为字高的 1/10)

ABCDEFGHIJKLMNOP

QRSIUVWXYZ

abcdefghijklmnopqr

stuvwxyz

1234567890 I V X φ

ABCabc123 IVφ

(b) 字母及数字的窄体字(笔划宽度为字高的 1/14)

图 6-12　拉丁字母、阿拉伯数字、罗马数字字例

线，尺寸界线的一端距图形轮廓线不小于 2mm，另一端超过尺寸线 2～3mm。若尺寸线分几层排列时，应从图形轮廓线向外先是较小的尺寸后是较大的尺寸，尺寸线的间距要一致，约 7～10mm（见图 6-13）。

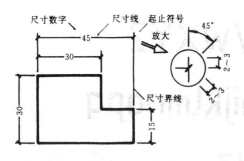

图 6-13　尺寸四要素 　　　　　　　　　　　　　图 6-14　轮廓线代替尺寸界线

3. 尺寸起止符号

尺寸起止符号（45°短划）要用中实线画，长约 2～3mm，倾斜方向应与尺寸界线顺时针方向成 45°角（见图 6-13）。

4. 尺寸数字

尺寸数字一律用阿拉伯数字书写，长度单位规定为毫米（即 mm，可省略不写）。尺寸数字是物体的实际数字，与画图比例无关。

尺寸数字一般写在尺寸线的中部。水平方向的尺寸，尺寸数字要写在尺寸线的上面，字头朝上；竖直方向的尺寸，尺寸数字要写在尺寸线的左侧，字头朝左；倾斜方向的尺寸，尺寸数字的方向应按图 6-15（a）的规定书写，尺寸数字在图中所示 30°影线范围内时可按图 6-15（b）的形式书写。

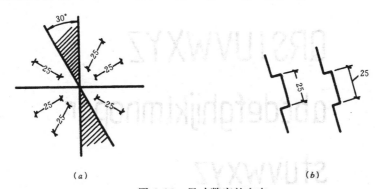

（a）　　　　　　　　　　　　　　（b）

图 6-15　尺寸数字的方向

尺寸数字如果没有足够的注写位置时，两边的尺寸可以注写在尺寸界线的外侧，中间相邻的尺寸可以错开注写，见图 6-16。

图 6-16　小尺寸数字的注写位置

（二）直径、半径的尺寸标注

86

1.直径尺寸

标注圆(或大半圆)的尺寸时要注直径。直径的尺寸线是过圆心的倾斜的细实线(圆的中心线不可作为尺寸线),尺寸界线即为圆周,两端的起止符号规定用箭头(箭头的尖端要指向圆周),尺寸数字一般注写在圆的里面并且在数字前面加注直径符号"φ",见图6-17(a)。

标注小圆直径时,可以把数字、箭头移到圆的外面,见图6-17(b)。

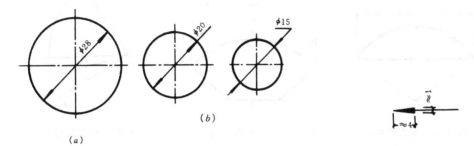

图 6-17 直径的尺寸标注   图 6-18 箭头的画法

图6-18表明了箭头的画法,画出的箭头要尖要长,可以徒手画也可以用尺画。

2.半径尺寸

标注半圆(或小半圆)的尺寸时要注半径。半径的尺寸线,一端从圆心开始,另一端画出箭头指向圆弧,半径数字一般注在半圆里面并且在数字前面加注半径符号"R",见图6-19(a)。

较小圆弧的半径可按图6-19(b)的形式标注,较大圆弧的半径可按图6-19(c)的形式标注。

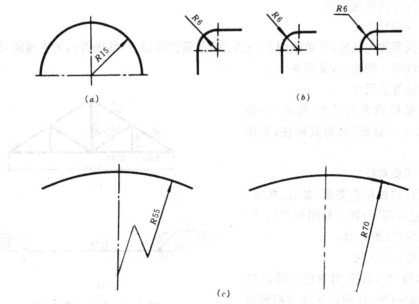

图 6-19 半径的尺寸标注

(三)弦长、弧长的尺寸标注

1.弦长尺寸

标注圆弧的弦长时,尺寸界线垂直于该弦直线,尺寸线平行于该弦直线,起止符号为

45°短划(标注方法同线段尺寸完全一样),见图6-20。

2.弧长尺寸

标注圆弧的弧长时,尺寸界线垂直于该圆弧的弦,尺寸线在该圆弧的同心圆上,起止符号为箭头,弧长数字的上方要加注圆弧符号,见图6-21。

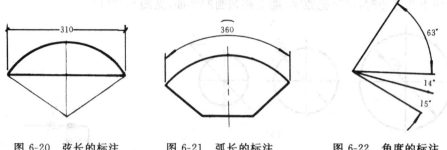

图6-20 弦长的标注　　　图6-21 弧长的标注　　　图6-22 角度的标注

(四)角度、坡度的尺寸标注

1.角度尺寸

标注角度时,尺寸界线就是角的两个边,尺寸线是以该角的顶点为圆心的圆弧,起止符号为箭头,角度数字要水平书写,见图6-22。

2.坡度尺寸

标注坡度时,在坡度数字下加上坡度符号。坡度符号为指向下坡的半边箭头,见图6-23。

图6-23 坡度的标注

(五)尺寸的简化注法

1.单线图尺寸

杆件或管线的长度,在单线图上(桁架简图、钢筋简图、管线图等),可直接将尺寸数字沿杆件或管线的一侧注写,见图6-24。

2.连排等长尺寸

连续排列的等长尺寸,可用"个数×等长尺寸=总长"的形式标注,见图6-25。

3.相同要素尺寸

构配件内的构造要素(如孔、槽等)若相同,也可用"个数×相同要素尺寸"的形式标注,见图6-26。

4.对称构件尺寸

对称构(配)件采用对称省略画法时,该对称构(配)件的尺寸线应略超过对称符号,仅在尺寸线的一端画尺寸起止符号,尺寸数字应按整体全尺寸注写,注写位置应与对称符号对直,见图6-27。

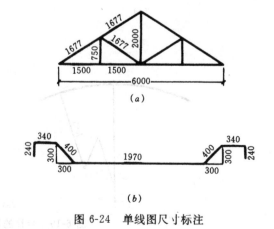

图6-24 单线图尺寸标注

5.相似构件尺寸

两个构(配)件,如仅个别尺寸数字不同,可在同一图样中,将其中一个构(配)件的不同

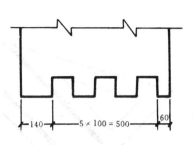

图 6-25 等长尺寸简化标注

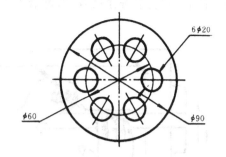

图 6-26 相同要素尺寸标注

尺寸数字注写在括号内,该构(配)件的名称也注写在名称的括号内,见图 6-28。

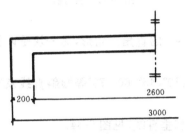

图 6-27 对称构件的尺寸标注

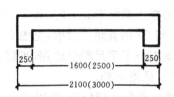

图 6-28 相似构件的尺寸标注

第二节　绘图工具和仪器的使用方法

为了保证绘图质量,提高绘图速度,必须了解各种绘图工具和仪器的特点,掌握其使用方法。本节主要介绍常用的绘图工具和仪器的使用方法。

一、绘图板、丁字尺、三角板

（一）绘图板

绘图板是绘图时用来铺放图纸的长方形案板,板面一般用平整的胶合板制作,四边镶有木制边框。绘图板的板面要求光滑平整,四周工作边要平直,见图 6-29。绘图板有各种不同的规格,一般有 0 号(900mm×1200mm)、1 号(600mm×900mm)和 2 号(400mm×600mm)三种规格。制图作业通常选用 1 号绘图板。

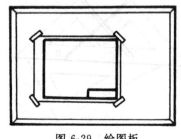

图 6-29 绘图板

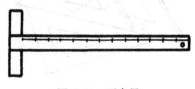

图 6-30 丁字尺

（二）丁字尺

丁字尺由尺头和尺身两部分构成。尺头与尺身互相垂直,尺身带有刻度,见图 6-30。

丁字尺主要用于画水平线,使用时左手握住尺头,使尺头内侧紧靠图板的左侧边,上下移动到位后,用左手按住尺身,即可沿丁字尺的工作边自左向右画出一系列水平线,见图6-31。

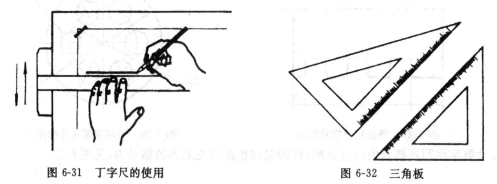

图 6-31 丁字尺的使用   图 6-32 三角板

（三）三角板

三角板由两块组成一付,其中一块是两锐角都等于45°的直角三角形,另一块是两锐角各为30°和60°的直角三角形,见图6-32。

三角板与丁字尺配合使用,可以画出竖直线及15°、30°、45°、60°、75°等倾斜直线及它们的平行线,见图6-33。

两块三角板互相配合,可以画出任意直线的平行线和垂直线,见图6-34。

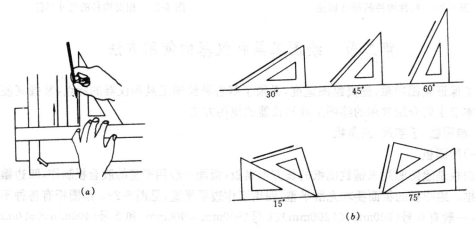

图 6-33 三角板与丁字尺配合使用

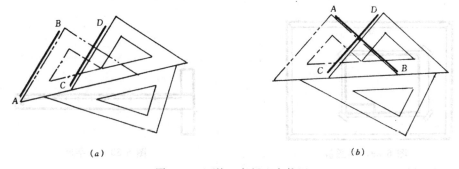

图 6-34 两块三角板配合使用

(a)作平行线； (b)作垂直线

二、分规、圆规

(一)分规

分规是用来量取线段的长度和分割线段、圆弧的工具,见图 6-35(a)、(b)。图 6-35(c)表明将已知线段 AB 三等分的试分方法:首先将分规两针张开约 1/3AB 长,在线段 AB 上连续量取三次,若分规的终点 C 落在 B 点之外,应将张开的两针间距缩短 1/3BC,若终点 C 落在 B 点之内,则将张开的两针间距增大 1/3BC,重新再量取,直到 C 点与 B 点重合为止。此时分规张开的距离即可将线段 AB 三等分。等分圆弧的方法类似于等分线段的方法。

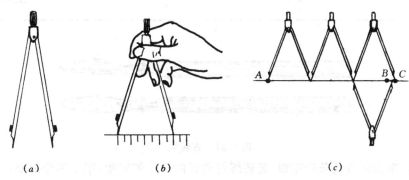

(a)   (b)   (c)

图 6-35　分规及其使用方法

(a)分规;　(b)量取线段;　(c)等分线段

(二)圆规

圆规是画圆和圆弧的专用仪器。为了扩大圆规的功能,圆规一般配有三种插腿:铅笔插腿(画铅笔线圆用)、直线笔插腿(画墨线圆用)、钢针插腿(代替分规用)。画大圆时可在圆规上接一个延伸杆,以扩大圆的半径,见图 6-36。

画铅笔线圆或圆弧时,所用铅芯的型号要比画同类直线的铅笔软一号。例如画直线时用 B 号铅笔,则画圆时用 2B 号铅芯。

使用圆规时需要注意,圆规的两条腿应该垂直纸面。

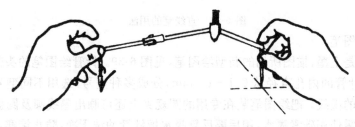

图 6-36　画大圆

三、绘图用笔

(一)铅笔

绘图所用铅笔以铅芯的软硬程度分类,"B"表示软,"H"表示硬,"B"或"H"各有六种型号,其前面的数字越大则表示该铅笔的铅芯越软或越硬。"HB"铅笔介于软硬之间属于中等。

画铅笔图时,图线的粗细不同所用的铅笔型号及铅芯削磨的形状也不同,具体选用时可参考表 6-10。徒手写字宜用磨成锥状形铅芯的 HB 铅笔。

(二)直线笔

直线笔又称鸭嘴笔,是传统的上墨、描图仪器,见图6-37。

铅 笔 的 应 用 与 分 类　　　　　　　　　表6-10

	粗线 b	中粗线 0.5b	细线 0.35b
型号	B(2B)	HB(B)	2H(H)
铅芯形状			

图 6-37　直线笔

画线前,根据所画线条的粗细,旋转螺钉调好两叶片的间距,用吸墨管把墨汁注入两叶片之间,墨汁高度约5～6mm为宜。画线时,执笔不能内外倾斜,上墨不能过多,否则会影响图线质量,见图6-38。直线笔装在圆规上可画出墨线圆或圆弧。

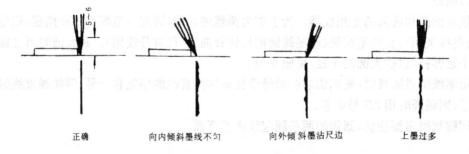

正确　　　　向内倾斜墨线不匀　　　向外倾斜墨沾尺边　　　上墨过多

图 6-38　直线笔的用法

(三)针管绘图笔

针管绘图笔是上墨、描图所用的新型绘图笔,见图6-39。针管绘图笔的头部装有带通针的不锈钢针管,针管的内孔直径从0.1～1.2mm,分成多种型号,选用不同型号的针管笔即可画出不同线宽的墨线。把绘图笔装在专用的圆规夹上还可画出墨线圆及圆弧,见图6-40。

针管绘图笔需使用碳素墨水,用后要反复吸水把针管冲洗干净,防止堵塞,以备再用。

四、其它辅助工具

(一)曲线板

曲线板是描绘各种曲线的专用工具,见图6-41。曲线板的轮廓线是以各种平面数学曲线(椭圆、抛物线、双曲线、螺旋线等)相互连接而成的光滑曲线。

用曲线板描绘曲线时,应先确定出曲线上的若干个点,然后徒手沿着这些点轻轻地勾勒出曲线的形状,再根据曲线的几段走势形状,选择曲线板上形状相同的轮廓线,分几段把曲线画出,见图6-42。

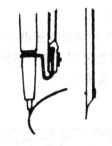

图 6-39　针管绘图笔

图 6-40　用绘图笔画圆

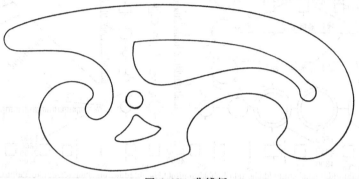
图 6-41　曲线板

使用曲线板时要注意：曲线应分段画出，每段至少应有 3～4 个点与曲线板上所选择的轮廓线相吻合。为了保证曲线的光滑性，前后两段曲线应有一部分重合。

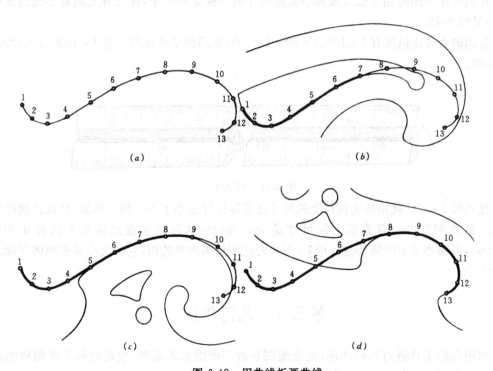
图 6-42　用曲线板画曲线

（二）制图模板

为了提高制图的质量和速度，把制图时所常用的一些图形、符号、比例等刻在一块有机玻璃板上，作为模板使用。常用的模板有建筑模板、结构模板、虚线板、剖面线板、轴测模板等。图 6-43 为建筑模板。

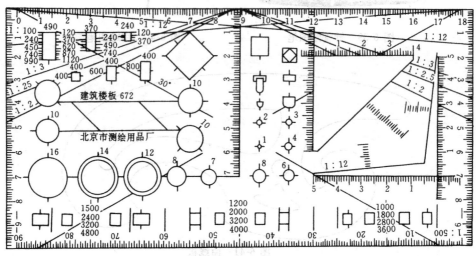

图 6-43　建筑模板

（三）比例尺

比例尺是绘图时用于放大或缩小实际尺寸的一种常用尺子，在尺身上刻有不同的比例刻度，见图 6-44。

常用的百分比例尺有 1：100、1：200、1：500；常用的千分比例尺有 1：1000、1：2000、1：5000。

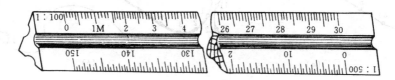

图 6-44　比例尺

比例尺 1：100 就是指比例尺上的尺寸比实际尺寸缩小了 100 倍。例如，从该比例尺的刻度 0 量到刻度 1m，就表示实际尺寸是 1m。但是，这段长度在比例尺上只有 0.01m（10mm），即缩小了 100 倍。因此，用 1：100 的比例尺画出来的图，它的大小只有物体实际大小的 1%。

第三节　几何作图

利用几何工具进行几何作图，这是绘制各种平面图形的基础，也是绘制工程图样的基础。下面介绍一些常用的几何作图方法。

一、等分线段

如图 6-45 所示，将已知线段 AB 分成五等分。

作图步骤：

(1)过点 A 任意作一条线段 AC，从点 A 起在线段 AC 上截取(任取)$A1＝12＝23＝34＝45$，得等分点 1、2、3、4、5；

(2)连 $5B$，并从 1、2、3、4 各等分点作直线 $5B$ 的平行线，这些平行线与 AB 直线的交点 Ⅰ、Ⅱ、Ⅲ、Ⅳ 即为所求的等分点。

二、等分两平行线间的距离

如图 6-46 所示，将两平行线 AB 与 CD 之间的距离分成四等分。

作图步骤：

(1)将直尺放在直线 AB 与 CD 之间调整，使直线的刻度 0 与 4 恰好位于直线 AB 与 CD 的位置上；

(2)过直尺的刻度点 1、2、3 分别作直线 AB(或 CD)的平行线即可完成等分。

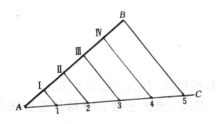

图 6-45　等分线段

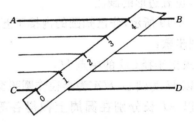

图 6-46　等分平行线间距离

三、作圆的切线

(一)自圆外一点作圆的切线

如图 6-47 所示，过圆外一点 A，向圆 O 作切线。

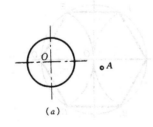

(a)

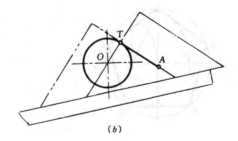

(b)

图 6-47　作圆的切线

(a)已知；　(b)作图

作图方法：

使三角板的一个直角边过 A 点并与圆 O 相切，用丁字尺(或另一块三角板)将三角板的斜边靠紧，然后移动三角板，使其另一直角边通过圆心 O 并与圆周相交于切点 T，连接 AT 即为所求切线。

(二)作两圆的外公切线

如图 6-48 所示，作圆 O_1 和圆 O_2 的外公切线。

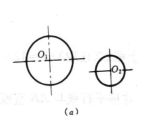
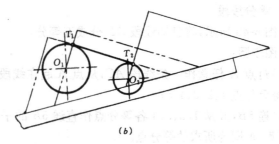

图 6-48　作两圆的外公切线

(a)已知；　(b)作图

作图方法：

使三角板的一个直角边与两圆外切，用丁字尺（或另一块三角板）将三角板的斜边靠紧，然后移动三角板，使其另一直角边先后通过两圆心 O_1 和 O_2，并在两圆周上分别找到两切点 T_1 和 T_2，连接 T_1T_2 即为所求公切线。

四、正多边形的画法

（一）正五边形的画法

如图 6-49 所示，作已知圆的内接正五边形。

作图步骤：

(1)求出半径 OG 的中点 H；

(2)以 H 为圆心，HA 为半径作圆弧交 OF 于点 I，线段 AI 即为五边形的边长；

(3)以 AI 长分别在圆周上截得各等分点 B、C、D、E，顺次连接各点即得正五边形 $ABCDE$。

（二）正六边形的画法

如图 6-50 所示，作已知圆的内接正六边形。

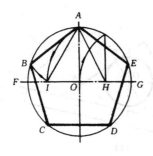
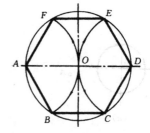

图 6-49　作圆内接正五边形　　　　　图 6-50　作圆内接正六边形

作图步骤：

(1)分别以 A、D 为圆心，以 $OA=OD$ 为半径作圆弧交圆周于 B、F、C、E 各等分点；

(2)顺次连接圆周上六个等分点，即得正六边形 $ABCDEF$。

五、二次曲线的画法

（一）椭圆的画法

常用的椭圆画法有两种：一种是准确的画法——同心圆法，一种是近似的画法——四心扁圆法。

1. 同心圆法

已知长轴 AB、短轴 CD、中心点 O，作椭圆（见图 6-51a）。

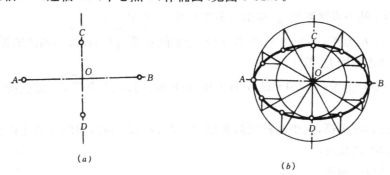

(a)　　　　　　　　　　　　(b)

图 6-51　同心圆法画椭圆

(a)已知；　(b)作图

作图步骤（见图 6-51b）：

(1)以 O 为圆心，以 OA 和 OC 为半径，作出两个同心圆；

(2)过中心 O 作等分圆周的辐射线（图中作了 12 条线）；

(3)过辐射线与大圆的交点向内画竖直线，过辐射线与小圆的交点向外画水平线，则竖直线与水平线的相应交点即为椭圆上的点；

(4)用曲线板将上述各点依次光滑地连接起来，即得所画的椭圆。

2. 四心扁圆法

已知长轴 AB、短轴 CD、中心点 O，作椭圆（见图 6-52）。

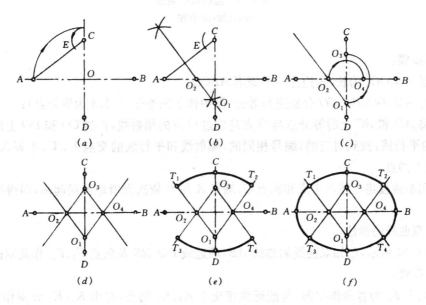

(a)　　　　　　　(b)　　　　　　　(c)

(d)　　　　　　　(e)　　　　　　　(f)

图 6-52　四心扁圆法画椭圆

作图步骤：

(1)连接 AC，在 AC 上截取 E 点，使 $CE=OA-OC$（图 6-52a）；

(2)作 AE 线段的中垂线并与短轴交于 O_1 点，与长轴交于 O_2 点（图 6-52b）；

(3)在 CD 上和 AB 上找到 O_1、O_2 的对称点 O_3、O_4，则 O_1、O_2、O_3、O_4 即为四段圆弧的四个圆心（图6-52c）；

(4)将四个圆心点两两相连，得出四条连心线（图6-52d）；

(5)以 O_1、O_3 为圆心，$O_1C=O_3D$ 为半径，分别画圆弧 $\overparen{T_1T_2}$ 和 $\overparen{T_3T_4}$，两段圆弧的四个端点分别落在四条连心线上（图6-52e）；

(6)以 O_2、O_4 为圆心，$O_2A=O_4B$ 为半径，分别画圆弧 $\overparen{T_1T_3}$ 和 $\overparen{T_2T_4}$，完成所作的椭圆（图6-52f）。

这是个近似的椭圆，它由四段圆弧组成，T_1、T_2、T_3、T_4 为四段圆弧的连接点，也是四段圆弧相切（内切）的切点。

（二）抛物线的画法

如图6-53所示，已知抛物线的宽度 AB、深度 OO_1，作此抛物线。

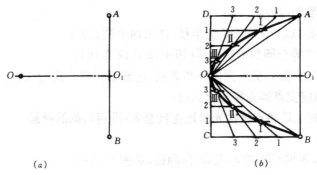

（a）　　　　　　　　　　　（b）

图 6-53　抛物线的画法

（a）已知；（b）作图

作图步骤：

(1)以 AB、OO_1 为长、短边作一个矩形 $ABCD$；

(2)将 AD、DO、BC、CO 分别进行等分（图中作了四等分，1、2、3为等分点）；

(3)将 AD 和 BC 上的等分点与 O 点连成过 O 点的辐射线，再过 CO 和 DO 上的等分点作 OO_1 的平行线，找到对应的（编号相同的）辐射线和平行线的交点 Ⅰ、Ⅱ、Ⅲ 等六个点，即为抛物线上的点；

(4)用曲线板将上述六个点和顶点 O、端点 A 与 B 依次光滑地连接起来，即得所作的抛物线。

（三）双曲线的画法

如图6-54所示，已知双曲线的轴线 AB，渐近线 PQ、RS 及焦点 F_1、F_2，作此双曲线。

作图步骤：

(1)以 F_1F_2 为直径作半圆，与渐近线相交于 K_1、K_2 两点，并由 K_1、K_2 分别作轴线 AB 的垂线，得双曲线的两个顶点 M、N；

(2)在轴线 AB 上自 F_1 向左、F_2 向右对称地各取几个点，如1、2、3等点；

(3)以 $N1$ 为半径、F_2 为圆心画圆弧，再以 $M1$ 为半径、F_1 为圆心画圆弧，两圆弧相交所得交点 C_1、C_2 即为双曲线上的点；

(4)重复运用上述方法即可求出双曲线上更多的点;

(5)用曲线板将所求各点以及顶点光滑地连接起来,即得所作的双曲线。

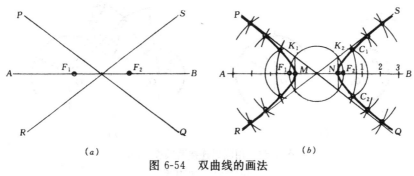

图 6-54　双曲线的画法

(a)已知;　(b)作图

六、圆弧连接

绘制平面图形时,经常需要用圆弧将两条直线、一圆弧一直线或两个圆弧光滑地连接起来,这种连接作图称为圆弧连接。圆弧连接的要求就是光滑,而要做到光滑就必须使所作的圆弧——连接圆弧与已知直线或已知圆弧相切,并且在切点处准确地连接,切点即是连接点。圆弧连接的作图过程是:先找连接圆弧的圆心,再找连接点(切点),最后作出连接圆弧。

下面介绍圆弧连接的几种典型作图。

(一)用圆弧连接两直线

如图 6-55 所示,已知直线 L_1 和 L_2,连接圆弧半径 R,求作连接圆弧。

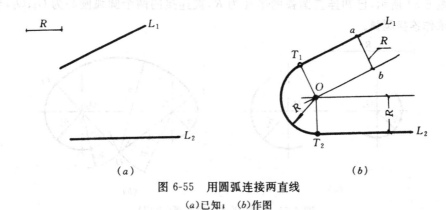

图 6-55　用圆弧连接两直线

(a)已知;　(b)作图

作图步骤:

(1)过直线 L_1 上一点 a 作该直线的垂线,在垂线上截取 $ab=R$,再过点 b 作直线 L_1 的平行线;

(2)用同样方法作出距离等于 R 的 L_2 直线的平行线;

(3)找到两平行线的交点 O,则 O 点即为连接圆弧的圆心;

(4)自 O 点分别向直线 L_1、L_2 作垂线,得垂足 T_1、T_2 即为连接圆弧的连接点(切点);

(5)以 O 为圆心、R 为半径作圆弧 $\overparen{T_1T_2}$,完成连接作图。

(二)用圆弧连接两圆弧

1. 与两个圆弧都外切

如图 6-56 所示,已知连接圆弧半径为 R,被连接的两个圆弧圆心为 O_1、O_2,半径为 R_1、R_2,求作连接圆弧。

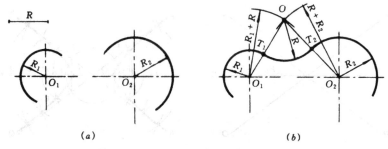

图 6-56 用圆弧连接两圆弧(外切)

(a)已知; (b)作图

作图步骤:

(1)以 O_1 为圆心、$R+R_1$ 为半径作一圆弧,再以 O_2 为圆心、$R+R_2$ 为半径作另一圆弧,两圆弧的交点 O 即为连接圆弧的圆心;

(2)作连心线 OO_1,找到它与圆弧 O_1 的交点 T_1,再作连心线 OO_2,找到它与圆弧 O_2 的交点 T_2,则 T_1、T_2 即为连接圆弧的连接点(外切的切点);

(3)以 O 为圆心、R 为半径作圆弧 $\overset{\frown}{T_1T_2}$,完成连接作图。

2.与两个圆弧都内切

如图 6-57 所示,已知连接圆弧的半径为 R,被连接的两个圆弧圆心为 O_1、O_2,半径为 R_1、R_2,求作连接圆弧。

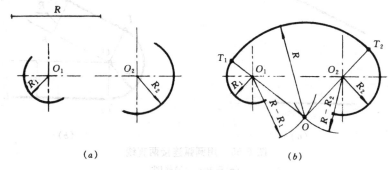

图 6-57 用圆弧连接两圆弧(内切)

(a)已知; (b)作图

作图步骤:

(1)以 O_1 为圆心、$R-R_1$ 为半径作一圆弧,再以 O_2 为圆心、$R-R_2$ 为半径作另一圆弧,两圆弧的交点 O 即为连接圆弧的圆心;

(2)作连心线 OO_1,找到它与圆弧 O_1 的交点 T_1,再作连心线 OO_2,找到它与圆弧 O_2 的交点 T_2,则 T_1、T_2 即为连接圆弧的连接点(内切的切点);

(3)以 O 为圆心、R 为半径作圆弧 $\overset{\frown}{T_1T_2}$,完成连接作图。

3.与一个圆弧外切、与另一个圆弧内切

如图 6-58 所示,已知连接圆弧半径为 R,被连接的两个圆弧圆心为 O_1、O_2,半径为 R_1、R_2,求作连接圆弧(要求与圆弧 O_1 外切、与圆弧 O_2 内切)。

作图步骤:

(1)分别以 O_1、O_2 为圆心,$R+R_1$、$R-R_2$ 为半径作两个圆弧,则两圆弧交点 O 即为连接圆弧的圆心;

(2)作连心线 OO_1,找到它与圆弧 O_1 的交点 T_1,再作连心线 OO_2,找到它与圆弧 O_2 的交点 T_2,则 T_1、T_2 即为连接圆弧的连接点(前为外切切点、后为内切切点);

(3)以 O 为圆心、R 为半径作圆弧 $\overset{\frown}{T_1T_2}$,完成连接作图。

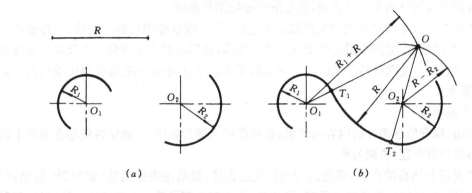

(a)   (b)

图 6-58 用圆弧连接两圆弧(一外切、一内切)

(a)已知; (b)作图

(三)用圆弧连接一直线和一圆弧

如图 6-59 所示,已知连接圆弧的半径为 R,被连接圆弧的圆心为 O_1、半径为 R_1 以及直线 L,求作连接圆弧(要求与已知圆弧外切)。

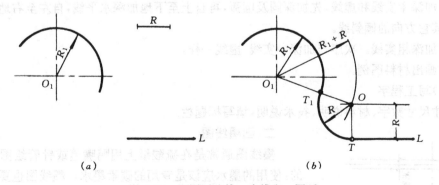

(a)   (b)

图 6-59 用圆弧连接一直线和一圆弧

(a)已知; (b)作图

作图步骤:

(1)作已知直线 L 的平行线使其间距为 R,再以 O_1 为圆心、$R+R_1$ 为半径作圆弧,该圆弧与所作平行线的交点 O 即为连接圆弧的圆心;

(2)由点 O 作直线 L 的垂线得垂足 T,再作连心线 OO_1 并找到它与圆弧 O_1 的交点 T_1,则 T、T_1 为连接点(两个切点);

(3)以 O 为圆心、R 为半径作圆弧 $\overparen{TT_1}$，完成连接作图。

第四节　制图的一般方法和步骤

掌握正确的绘图方法和步骤，能够加快绘图速度，提高图面质量。

一、画铅笔图

（一）绘图前的准备

（1）根据所绘图样的内容，准备好绘图工具和仪器，削磨好铅笔和圆规所用铅芯。

（2）根据所绘图样的大小及比例，选定所需要的图纸幅面。

（3）图纸在图板中的位置应该是图纸的左边线、下边线各距图板的左边缘、下边缘约一个丁字尺尺身的宽度。把图纸固定在图板上的方法是：在图板的左下方将丁字尺的尺头靠紧在图板的左边缘上，使图纸的下框线与丁字尺的工作边重合，然后用胶带纸将图纸的四个角固定在图板上。

（二）画底稿线

（1）布图。根据所画图样的内容和比例，要在图面上进行布图，以确定各图形在图纸上的位置，使图形分布合理、协调匀称。

（2）根据所画图样的内容，确定出画图的先后次序，然后用尖细铅笔（常用 2H 铅笔）轻轻地画出图形的底稿线（包括尺寸界线、尺寸线、尺寸起止符号等）。画底稿线的顺序是：若图形中有轴线或者中心线、对称线，应该首先画出，然后画出图形的主要轮廓线，最后再画细部图线。

（三）加深图线

底稿线完成后，要仔细检查校对，确实无误时方可按线型规定进行加深。加深的顺序是：

（1）首先加深细实线、点划线、断裂线、波浪线及尺寸线、尺寸界线等细的图线。

（2）加深中实线和虚线。先加深圆及圆弧，再自上至下地加深水平线，自左至右地加深竖直线和其它方向的倾斜线。

（3）加深粗实线。次序与加深中实线、虚线一样。

（4）画出材料图例。

（四）写工程字

标注尺寸数字、材料说明、技术说明，填写标题栏。

二、画墨线图

墨线图通常是在硫酸纸上用鸭嘴笔或针管绘图笔画成的，使用的墨水应该是专用的碳素墨水。墨线图也要求在铅笔底稿上进行，墨线的中心线要与铅笔的底稿线重合，如图 6-60 所示。墨线图的图线连接要准确、光滑，图面要整洁。画线时一般是先难后易，先主后次，先圆弧后直线。画图中如果要修改墨线，须等墨迹干后，在图纸下垫上玻璃板（或丁字尺、三角板等）用薄刀片小心地把墨迹刮掉，再用橡皮擦去污垢，干净后可再次上墨。

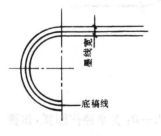

图 6-60　墨线与底稿线的
位置关系

思 考 题

1. 图幅有几种幅面尺寸？A3 图幅的长宽尺寸各是多少？

2. 什么是比例？图样上标注的尺寸与画图的比例有无关系？

3. 试述粗实线、中实线、中虚线、细实线、细点划线和折断线的线型和线宽。

4. 什么是线宽组？0.7 线宽组的线宽各是多少？

5. 各种图线相交时应该注意些什么问题？

6. 工程图样对字体有哪些要求？长仿宋字的特点是什么？

7. 试述尺寸界线、尺寸线、尺寸起止符号和尺寸数字的基本规定。

8. 什么是圆弧连接？圆弧连接的给题条件和作图步骤是什么？

第七章 投 影 制 图

工程上表达空间形体的方法，主要是正投影法。用正投影法得到的正投影图也称视图。本章将学习视图的形成、画图、读图、尺寸标注的基本要求，剖面图、断面图等知识。

第一节 基本视图与辅助视图

一、基本视图

如图 7-1 所示，物体在三投影面体系中得到的三面投影图，也称三视图，其中 V 面投影图称为正立面图，H 面投影图称为平面图，W 面投影图称为左侧立面图。

在三视图中，为了保持图面清晰，可以不画出各视图间的联系线。各视图间的距离，可以根据画图的比例、图形的大小、尺寸标注所需要的位置、图纸的大小等条件来确定。但是，三视图之间必须保持画法几何中所述的"三等关系"。

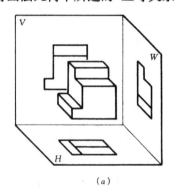

图 7-1 三视图的形成

(a)形成； (b)三视图

三视图只能表示一个形体上、下、左、右、前、后六个方向中的前、上、左三个方向中的形状和大小。而后、下、右三个方向的形状和大小无法表示。为了满足工程实际的需要，按照国家《房屋建筑制图统一标准》规定，在三投影面体系中再增设三个投影面，即在 V、H、W 投影面的相对方向上加设 V_1、H_1、W_1 三个投影面，使形体位于六个投影面所围成的箱体之中，形成六投影面体系，然后将形体向上述六个投影面进行正投影，这样就得到了六个视图，见图 7-2(a) 所示。这六个视图，称为基本视图，基本视图所在的投影面称为基本投影面。除了前面已知的三视图外，再分别把 V_1、H_1、W_1 三个投影面上得到的视图称为背立面图、底面图、右侧立面。

为了在一个平面（图纸）上得到六个基本视图，需要将上述六个视图所在的投影面都展平到 V 面所在的平面上。图 7-2(b) 表示展开过程，图 7-2(c) 表示展开后的六个基本视图的排列位置，在这种情况下，为了合理利用图纸，可以不注视图名称。各视图的位置也可按图

7-2(d)所示排列,在这种情况下,必须注写视图名称。

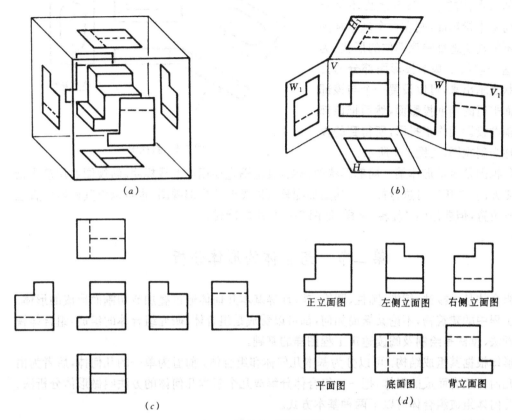

图 7-2　基本视图

用上面方法得到的六个基本视图能从六个方向上反映出物体的形状和大小。

二、辅助视图

工程制图中,形体除了可以用基本视图表示外,当需要时,也可以采用辅助视图来表示。下面为几种常用的辅助视图。

(一)局部视图

把形体的某一局部向基本投影面作正投影,所得到的投影图称为局部视图。

如图 7-3 所示,作出形体左侧凸出部分的局部视图,就可以把这部分的形状表示清楚。

局部视图是基本视图的一部分,要用波浪线标明其范围。画局部视图时,要在欲表达的形体局部附近,用箭头指明其投影方向,并用字母标注。在所画局部视图的下方,用相同的字母标出视图的方向名称。

局部视图通常配置在箭头所指明的方向上,也可以根据实际需要配置在图纸的其它适

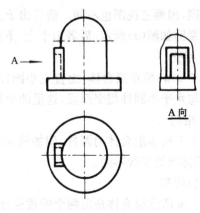

图 7-3　局部视图

当位置。

（二）斜视图

如果形体的某一部分表面不平行于任何基本投影面,则在六个基本视图中都不能真实地反映该部位的形状。为了把这一倾斜于基本投影面部分的真实形状表示出来,可以设置一个与该部位表面平行的辅助投影面,然后把该部位向辅助投影面作正投影,所得到的投影图称为斜视图,见图7-4所示。

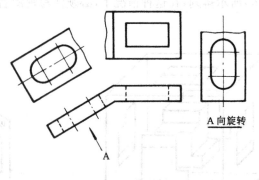

图7-4 斜视图

斜视图是表示形体某一局部形状的视图,其范围也要用波浪线标明。斜视图要用箭头指明投影方向,并用字母进行标注。其图形配置可以类似于局部视图,也可以将其旋转到直立或水平位置,但要注明"旋转"字样,如图7-4中 A 向旋转。

第二节 组合体的形体分析

组合体是由棱柱、棱锥、圆柱、圆锥、球、环等基本几何体通过叠加或切割而形成的形体。建筑工程中的建筑物,不论其繁简如何,都可以看成是组合体。研究组合体的组成,组合体视图的画法、读法是绘制及阅读建筑工程图样的基础。

形体根据其组成结构。可以分为基本几何体和组合体。前者为单一的几何体,后者为由基本几何体组合而成的形体。把一个组合体分解成几个基本几何体的方法叫做形体分析法。基本几何体组成组合体有以下两种基本方式。

（一）叠加

所谓叠加就是把基本几何体重叠地摆放在一起而构成组合体。根据形体相互间的位置关系,叠加分为三种方式。

1. 叠合

如图7-5(a)、(b)所示,两个组合体均由两个四棱柱叠合而成,由于两个四棱柱摆放的位置不同,因而三视图也不同。前者由于上、下两个四棱柱的前、后、左、右四个面无一重合,所以三视图如图(a)所示。后者由于上、下两个四棱柱的前面重合,所以三视图如图(b)所示。

2. 相交

图7-6(a)所示组合体,由直立小圆柱与水平半圆柱相交而成,图7-6(b)所示组合体由四棱柱与水平半圆柱相交而成,这里两个基本形体相交的交线要画出。

3. 相切

图7-7所示组合体为圆柱、四棱柱相切组合而成,这里要注意的是:对于相切而成的组合体,形体间的切线不画。

（二）切割

图7-8所示组合体是由两个四棱柱分别被切割去两个三棱柱和一个圆柱后组合而成。

通常所见到的组合体基本上是由以上几种方式构成的。例如,图7-9所示组合体可以看作是由五个基本形体经过切割及叠加而成:其中底板为一四棱柱;在底板上叠合的后立板和

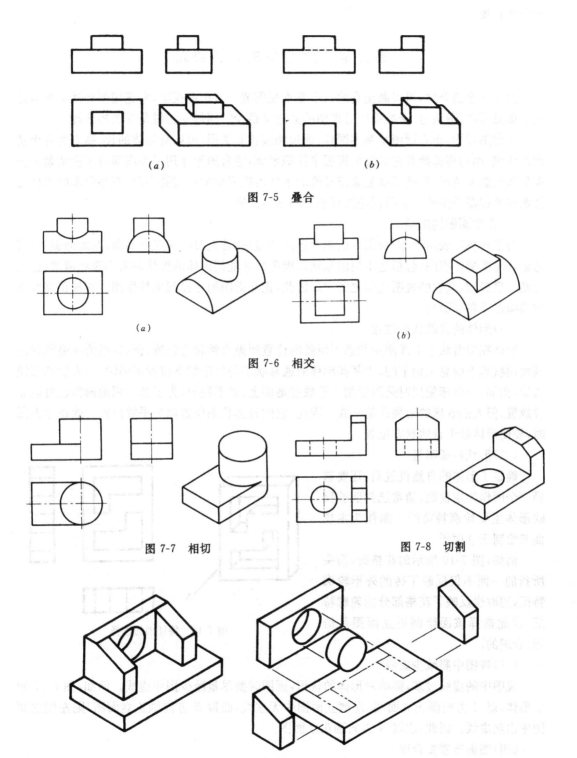

图 7-5 叠合

图 7-6 相交

图 7-7 相切

图 7-8 切割

图 7-9 组合体的形体分析

左、右两个侧立板也是四棱柱;后立板上的圆孔为挖去一个圆柱而成。了解了组合体各组成部分的形状以及组合方式,就可以完全认识组合体的整体形状。这对画图、看图和标注尺寸是非常必要的。

第三节 组合体的视图画法

对于一个组合体,可以画出它的六个基本视图或一些辅助视图,究竟用哪些视图来表达组合体最简单、最清楚、最准确而且视图的数量又最少? 问题的关键是视图的选择。

工程图样中,正立面图是基本图样。通过阅读正立面图,可以对形体的长、高方面有个初步的认识,然后再选择其它必要的视图来认识形体,通常的形体用三视图即可表示清楚。根据形体的繁简情况,有些形状复杂或特殊的形体可能需要的视图要多些,有些简单的形体可能需要的视图要少些。下面讨论选择视图的基本原则。

一、正立面图的选择

为了用视图表示形体,根据人们观察形体的习惯,首先要确定正立面图,在此前提下,再考虑还需要哪些视图(包括基本视图和辅助视图),才能把形体的形状和大小表示清楚。正立面图一旦确定,其它的视图也随之而定。因此,正立面图的选择起主导作用。选择正立面图应遵循以下各项原则。

(一)形体的自然状态位置

形体在通常状态下或使用状态下所处的位置叫做自然状态位置。例如,桌椅在通常状态或使用状态下腿总是朝下的。当某些形体的通常状态与使用状态位置不同时,以人们的习惯为准。例如,一张床使用时是四腿朝下平放在地面上,而不用时,为了节省用地面积也可以立着放置,但人们看床的习惯还是平放。因此,它的自然状态位置就是平放位置。画正立面图时,要使形体处于自然状态位置。

(二)形状特征明显

确定了形体的自然位置后,还要选择一个面作为主视面,通常选择能够反映形体主要轮廓特征的一面作为主视面来绘制正立面图。

例如,图 7-10 所示的花格砖,箭头所指的一面不仅反映了砖的外形轮廓特征,同时也反映了花格部分的轮廓特征,因此选择该面绘制正立面图是恰当、合理的。

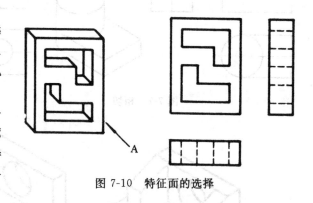

图 7-10 特征面的选择

(三)视图中要减少虚线

视图中的虚线过多,影响对形体的认识,画图时要尽量减少图中虚线。例如,图 7-11 所示形体,以 A 方向画正立面图,左侧立面图中无虚线,而以 B 方向画正立面图,则左侧立面图中出现虚线。因此,应以 A 方向画正立面图。

(四)图面布置要合理

画正立面图时,除了前面要考虑的几个问题之外,还要考虑图面布置是否合理。例如,图 7-12 所示薄腹梁,一般选择较长的一面作正立面图,见图 7-12(a)所示,这样视图占的图幅较小,图形间匀称、协调。如果考虑要用梁的横向特征面作正立面图,见图 7-12(b)所示,则

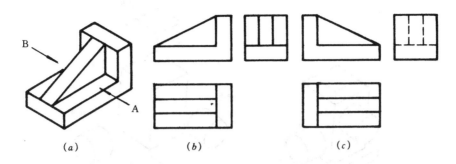

图 7-11　主视方向的选择

(a)组合体；　(b)A 向；　(c)B 向

所画的图形间就显得很不协调。

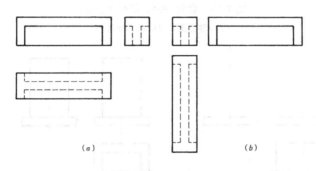

图 7-12　图面布置

(a)合理；　(b)不合理

二、视图数量的选择

　　为了清楚地表达形体,在正立面图确定以后,还需要选择其它视图(包括基本视图和辅助视图)。选择哪些视图,应根据形体的繁简程度及习惯画法来决定。原则是在能把形体表示清楚的前提下,视图的数量越少越好。对于常见的组合体,通常画出其正立面图、平面图和左侧立面图即可把组合体表示清楚。对于复杂的形体还要增加其他的视图。

三、画图示例

　　为了能准确、迅速、清楚地画出组合体的视图,一般应按照以下步骤进行:

　　(一)形体分析

　　组合体种类繁多、形状各异,但通过分析,可以看出它们都是由一些基本形体通过叠加或切割而成的。因此,对于所要表达的组合体要进行仔细分析,看清该组合体是由几部分组成的,每一部分是什么基本形体,它们的相互位置关系如何? 然后逐步确定各基本形体的三视图,最后按照它们的相互位置拼成所需的组合体三视图。

　　(二)正立面图的选择

　　画三视图时,要根据形体的结构、组成情况,确定其自然位置及特征面。特征面应与 V 投影面平行,从而确定出正立面图。

　　(三)画图步骤

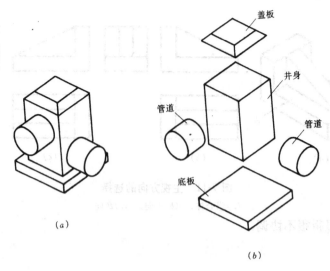

盖板

井身

管道

管道

底板

(a)

(b)

图 7-13　窨井(外形)的形体分析

(a)轴测图；　(b)形体分析

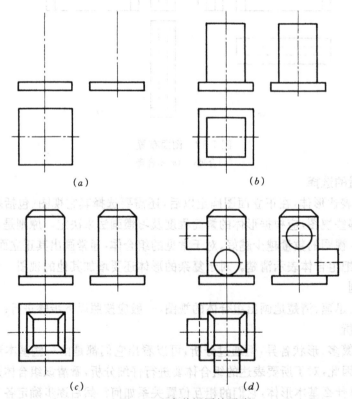

(a)

(b)

(c)

(d)

图 7-14　窨井视图的画法

(a)画底板；　(b)画井身；　(c)画盖板；　(d)画管道

1. 布图

画图之前,要根据物体的形状、大小及组成结构,选择好图纸及绘图比例,在图纸的幅面内确定好各视图的位置。

2. 画底稿(用 2H 铅笔)

用尖细铅笔轻轻地在已布好图的位置上画出形体的三视图。

3. 描深

对于已画好的底稿,检查、校核无误后,擦去多余图线,按规定线型描深。

【例 7-1】 画出窨井外形三视图(图 7-13)。

形体分析:

窨井外形由底板(四棱柱)、井身(四棱柱)、盖板(棱台)、管道(圆柱)等部分构成。

画图步骤如图 7-14 所示。

第四节 组合体的视图读法

画图是把空间形体用一组视图在一个平面上表示出来;读图则是根据形体在平面上的一组视图,通过分析,想象出形体的空间形状。读图与画图是互逆的两个过程,其实质都是反映图、物之间的等价关系。因此,这两者在方法上是相通的。

读图时,要根据视图间的对应关系,把各个视图联系起来看,通过分析、想象出物体的空间形状。不能孤立地看一两个视图来确定物体的空间形状。例如图 7-15 所示,两个形体的正立面图及平面图均相同,但两个形体却是不同的。

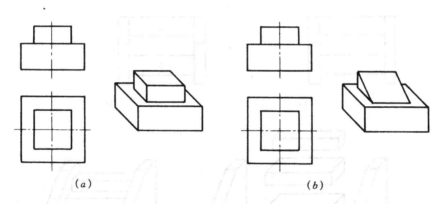

(a)   (b)

图 7-15 两个视图相同的不同物体
(a)物体甲; (b)物体乙

读图的方法通常有三种:形体分析法、线面分析法及切割分析法。

一、形体分析法

画图时,首先要对形体进行分析,把它分解为几个基本形体,然后根据这些基本形体的空间形状及相互位置关系,分别画出各个基本形体的视图,从而得到整个组合体的视图。

读图时,要根据视图之间的"长对正、高平齐、宽相等"的三等关系,把形体分解成几个组成部分(即基本形体),然后对每一组成部分的视图进行分析,从而想象出它们的形状。最后再由这些基本形体的相互位置想象出整个形体的空间形状。

读图实践中,通过视图把形体分解成几个组成部分并找出它们相互对应的各个视图,这是形体分析的关键。由前面知识知道,不论什么形状的形体,它的各个视图的轮廓线总是封闭的线框,它的每一个组成部分,其相应的视图也是一个线框。从而,位于视图中的每一个线框也一定是形体或组成该形体的某一部分的投影轮廓线。这样,在视图中画出几个线框,就相当于把形体分解成几个组成部分(基本形体)。

形体分析法的基本步骤如下：

1. 划分线框、分解形体

多数情况下，采用反映形体形状特征比较明显的正立面图进行划分。

2. 确定每一个基本形体相互对应的三视图

根据所划线框及投影的"三等关系"，确定出每一个基本形体相互对应的三视图。

3. 逐个分析、确定基本形体的形状

根据三视图的投影对应关系，进行分析，想象出每一个基本形体的空间形状。

4. 确定组合体的整体形状

根据组成形体的各个基本形体的形状、相互间的位置及组合方式，从而确定出组合体的整体形状。

【例 7-2】 用形体分析法分析(图 7-16)所给形体的空间形状。

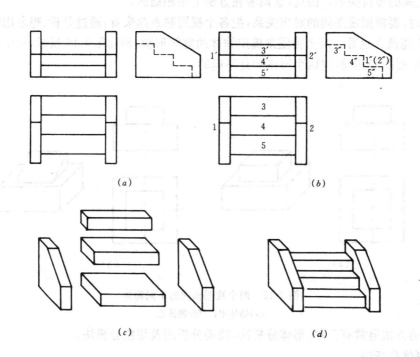

图 7-16　读图——形体分析

通过对三视图的观察分析，在正立面图中把组合体划分为五个线框，即左边一个、右边一个、中间三个，如图 7-16(b)所示。通过对这五部分的三视图对照分析可知：左右两个线框表示的为两个对称的五棱柱，中间三个线框表示的为三个四棱柱，见图 7-16(c)。三个四棱柱按大小由下而上的顺序叠加放在一起，两个五棱柱紧靠在其左右两侧，构成一个台阶，见图 7-16(d)所画轴测图。

二、线面分析法

组成组合体的各个基本形体在各视图中比较明显时，用形体分析法读图是便捷的。当组合体或其某一局部构成比较复杂时，用形体分析法将其分解成几个基本形体困难时，可以采用另外常用的一种方法——线面分析法。

所谓线面分析法，就是根据围成形体的表面及表面之间的交线的投影，逐面、逐线进行分析，找出它们的空间位置及形状，从而想象、确定出被它们所围成的整个形体的空间形状。

形体在投影图中所形成的投影元素有两种：一种是线框，另一种是线段，整个投影图就是由这两种元素构成的。投影图中线框、线段的几何意义可以归纳如下。

1. 线框的几何意义

从画法几何知道，投影图中的每一个封闭的线框，一定是形体上的某一个表面的投影。但是，该线框是平面的投影还是曲面的投影，它的空间状态及位置如何？还需要参照其他的投影来确定。

如图 7-17 所示，正立面图中线框的空间意义是：(a) 为半圆柱前后表面的投影（前半个柱面可见，后面平面不可见）；(b) 图中的线框表示圆锥的前表面的投影（前半个锥面可见，后半个锥面不可见）；(c) 和 (d) 为棱柱的前后表面的投影（前面可见，后面不可见）。(d) 图中的线框表示三棱柱的前表面（铅垂面）的投影。

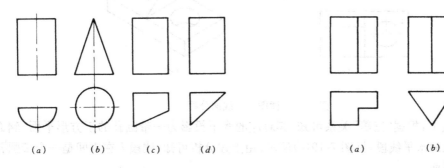

图 7-17 线框的意义   图 7-18 相邻线框的意义

在投影图中，常遇到相邻的线框，它们是互相平行的表面或相交表面的投影。

如图 7-18(a)，两个相邻线框为形体前表面中两个相互平行的正平面的投影。而图 7-18(b) 中两个相邻线框为形体的左、右两个相交斜面（均为铅垂面）的投影。

2. 线段的几何意义

线段分直线段和曲线段。从画法几何中知道，投影图中的线段或者为线段的投影，或者为垂直于投影面的平面或曲面的投影。

例如，图 7-18(b) 的正立面图中三条铅直线段均为两表面交线的投影；图 7-18(a) 中正立面图的轮廓线均为垂直于投影面的平面的投影；图 7-17(a) 的平面图中半圆弧为垂直于投影面的半圆柱面的投影。

【例 7-3】 用线面分析法，分析组合体的空间形状（图 7-19a）。

如图 7-19 (a) 所示，在正立面图中有四个线框 a'、b'、c'、d' 和六条线段 $1'$、$2'$、$3'$、$4'$、$5'$ 和 $6'$。

首先看线框 a'，在三视图中，利用"三等"关系中的"高平齐"、"长对正"和"宽相等"分别找出 a' 所对应的侧面投影 a'' 和水平投影 a，其中 a'' 为一积聚的铅垂线段；a 为一积聚的水平线段，见图 7-19 (b) 所示。由上述分析可知，线框 A 在空间是一个长方形的正平面。

同理可知,线框 B 在空间是一个长方形的侧垂面;线框 C 在空间是一个六边形的正平面;线框 D 在空间是一个铅垂的圆柱面。

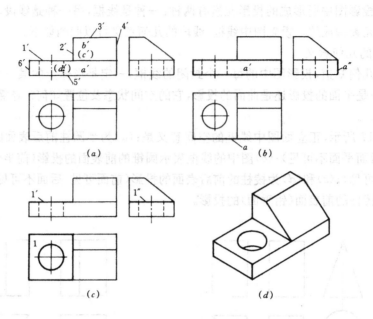

图 7-19　读图——线面分析

再看线段 $1'$,根据"三等"关系可知,其对应的水平投影为一带圆孔的正方形平面;侧面投影为一积聚的水平线段,见图 7-19(c)所示。由上述分析可知,线段 I 在空间是一个带圆孔的正方形水平面。

同理可知,线段 II 在空间是一个梯形的侧平面;线段 III 在空间是一个长方形的水平面;线段 IV 在空间是一个五边形的侧平面;线段 V 在空间是一个带圆孔的长方形水平面;线段 VI 在空间是一个长方形的侧平面。由前面的分析不难知道,图 7-19(a)所示形体的空间形状如图 7-19(d)所示的轴测图。

三、切割分析法

读图中,除了用形体分析法、线面分析法外,还常用切割分析法。

切割体是由基本形体经过几次切割而形成的形体。读图时,由所给视图进行分析,先看该形体切割前是哪种基本形体;然后再分析基本形体在哪几个部位进行了切割,切去的又是什么基本形体,从而达到认识该形体的空间形状。

例如,图 7-19(a)所示形体,可以看成是由一个长方体经过三次切割而成的形体。第一次用一个水平面和一个侧平面在长方体的左上方切去一个四棱柱;第二次用一个侧垂面在所得形体的右上方切去一个三棱柱;第三次在第一次切掉四棱柱的下方再挖去一个圆柱,详见图 7-20 所示。

四、读图的步骤

1. 粗读

首先根据所给的视图粗读,对所给的形体做个大致的认识,看清它的长度、宽度、高度、组成及结构情况。

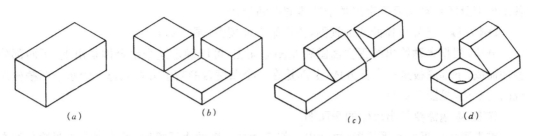

图 7-20 读图——切割分析法

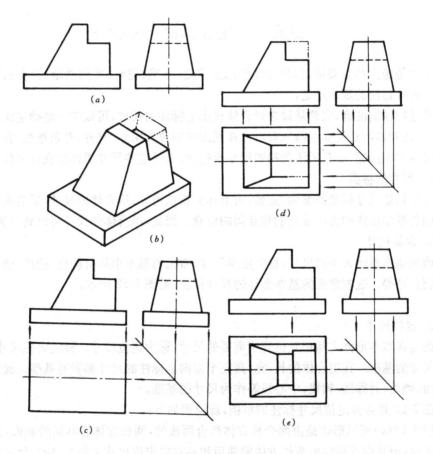

图 7-21 读图"二补三"作图
(a)已知;(b)形体分析;(c)作图步骤一;(d)作图步骤二;(e)作图步骤三

2. 选择方法

在对形体的结构有个大致认识的前提下,对容易分解为基本形体的组合体,如以叠合、相交、相切等形式叠加而成的组合体采用形体分析法;对不容易分解的组合体,可以采用线面分析法或切割分析法。

3. 细读

确定了读图的方法以后,一般先把正立面图划分为几个部分,然后用投影的"三等"关系,找出每一部分在其他视图中的对应投影,再仔细分析,确定这几部分的空间形状,最后由各组成部分的相对位置确定出整个形体的空间形状。

【例7-4】 已知形体的两面视图,作出第三面视图(图7-21a)。

分析:根据本题给出的正立面图和左侧立面图,可以确定这个组合体是由上、下两部分叠加而成。下部底板是一个长方体,上部是在一个四棱台的右上方切割掉一个水平四棱柱而成的切割体,见图7-21(b)。

作图:本题需要补出形体的平面图。

首先画出底板的水平投影;再画出上部四棱台轮廓的水平投影;最后画出在四棱台的右上方切掉水平四棱柱的切割线,详见图7-21(c)、(d)、(e)。

第五节 组合体的尺寸标注

尺寸是施工的重要依据,尺寸标注的要求是:准确、完整、排列清晰,符合制图国家标准中关于尺寸标注的基本规定。

尺寸标注的准确、完整是说在组合体视图上标注的尺寸,可以唯一地确定组合体的形状和大小;排列清晰是说标注的所有尺寸在视图中的位置明显、整齐、有条理性。在尺寸标注中要解决两方面问题:一是形体的哪些尺寸要标注;二是这些尺寸要标注在什么位置上。

一、尺寸的种类

为了保证尺寸标准的准确、完整,由形体分析法可知:组合体的尺寸,要能表达出组成组合体的各基本形体的大小及它们相互间的位置。因此,组合体的尺寸可以划分为三类。

1. 定量尺寸

确定基本形体大小的尺寸,称为定量尺寸。常见的基本形体有棱柱、棱锥、棱台、圆柱、圆锥、圆台、球等。这些常见的基本形体的尺寸标注,见图7-22所示。

2. 定位尺寸

确定各基本形体之间相互位置所需要的尺寸,称为定位尺寸。标注定位尺寸的起始点,称为尺寸的基准。在组合体的长、宽、高三个方向上标注的尺寸都要有基准。通常把组合体的底面、侧面、对称线、轴线、中心线等作为尺寸的基准。

图7-23是各种定位尺寸标注的示例,现说明如下:

图7-23(a)所示形体是由两个长方体组合而成的,两长方体有共同的底面,高度方向不需要定位,但是应该标注出两长方体的前后和左右的定位尺寸 a 和 b。标注尺寸 a 时选后一长方体的后面为基准,标注尺寸 b 时选后一长方体的左侧面为基准。

图7-23(b)所示形体为由两个长方体叠加而成的,两长方体有一重叠的水平面,高度方向不需要定位,但是应该标注其前后和左右两个方向的尺寸 a 和 b,它们的基准分别为下一长方体的后面和右面。

两个长方体的位置如果前、后对称,如图7-23(c)所示,则它们的前后位置可由对称线确定,而不必标出前后方向的定位尺寸,只需标注出左、右方向的定位尺寸 b 即可,其基准为下一长方体的右面。

图7-23(d)所示形体为由圆柱和长方体叠加而成。叠加时前后、左右对称,相互位置可

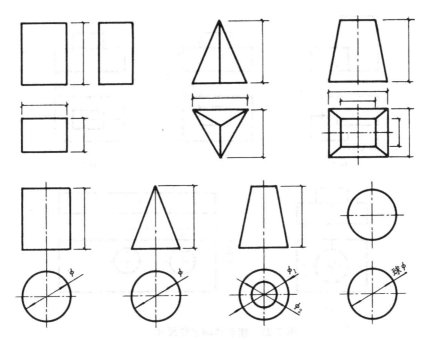

图 7-22　基本几何体的定量尺寸

以由两条对称线确定。因此,长、宽、高三个方向的定位尺寸都可省略。

　　图 7-23(e)所示形体为在长方体的钢板上切割出两个圆孔而成,两圆孔的定量尺寸为已知(图中未标出),为了确定这两个圆孔在钢板上的位置,必须标出它们的定位尺寸——圆心的位置。在左右方向上,以钢板的左侧面为基准标出左边圆孔的定位尺寸 15,然后再以左边圆孔的垂直轴线为基准继续标注出右边圆孔的定位尺寸 25;在前后方向上,以钢板的后面为基准,标注出两个圆孔的定位尺寸 10。

　　3. 总尺寸

　　总尺寸是确定组合体外形总长、总宽、总高的尺寸。

　　在组合体的视图上,只有把上述三类尺寸都准确的标注出来,尺寸标注才是完整的。标注尺寸的数量准则是不多、不少、不能重复。

　　二、尺寸标注的原则

　　(1)尺寸标注要遵守制图国家标准的基本规定。

　　(2)尺寸标注要齐全,不能遗漏,读图时能直接读出各部分的尺寸,不用临时计算。

　　(3)尺寸标注要明显,一般布置在视图的轮廓之外,并位于两个视图之间。通常属于长度方向的尺寸应标注在正立面图与平面图之间;高度方向的尺寸应标注在正立面图与左侧立面图之间;宽度方向的尺寸应标注在平面图与左侧立面图之间。某些细部尺寸也可以标注在视图之内。

　　(4)同一方向的尺寸可以组合起来,排成几道,小尺寸在内,大尺寸在外,相互间要平行、等距,距离约为 7~10mm。标注定位尺寸时,对圆形要标注出圆心的位置。

　　三、尺寸标注的步骤

　　标注尺寸的步骤如下:

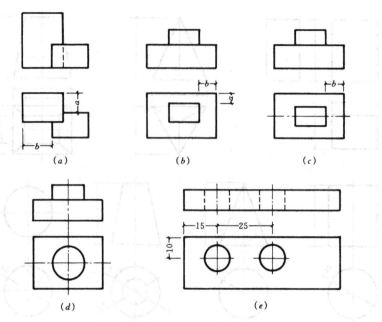

图 7-23　组合体的定位尺寸

(1)确定出每个基本形体的定量尺寸;

(2)确定出各个基本形体相互间的定位尺寸;

(3)确定出总尺寸;

(4)确定这三类尺寸的标注位置,分别画出尺寸界线、尺寸线、尺寸起止符号;

(5)注写尺寸数字。

【例 7-5】 标注图 7-24 所示组合体的尺寸。

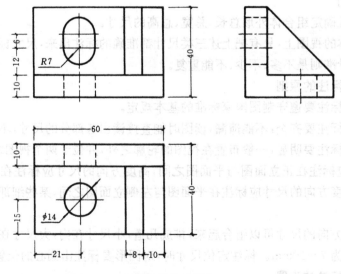

图 7-24　组合体的尺寸标注

该组合体是由底板、立板和肋板组合而成的形体,在立板上切出一个长圆孔,在底板上切出一个圆孔。

(1)定量尺寸:底板的长、宽、高分别为60、40、10;立板的长、宽、高分别为60、10、30;肋板的高、宽、厚分别为30、30、8;底板上的圆孔直径为14,孔深10;立板上的长圆孔长20,上、下为两个半圆,半圆的半径为7。

(2)定位尺寸:立板在底板的上面,其左、右和后面与底板对齐,所以在长度、高度、宽度方向的定位尺寸都可省略。肋板在底板上面,其后面与立板的前面相靠,所以其高度、宽度方向的定位尺寸可以省略,在长度方向上,以底板的右端面为基准,定位尺寸是10。底板上的圆孔以底板的左侧面和前端面为基准,在长度和宽度方向上的定位尺寸分别是21和15。立板上的长圆孔以立板的左侧面和下面为基准,在长度方向上的定位尺寸是21;在高度方向上的定位尺寸分别是12和18。

(3)总尺寸为60×40×40。

尺寸标注的位置见图7-24。

【例7-6】 标注图7-25所示组合体的尺寸。

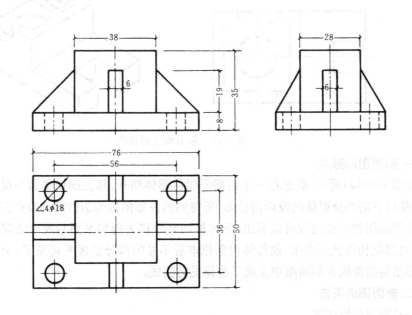

图7-25 组合体的尺寸标注

该组合体是由四棱柱(底板)、四棱柱、四块三棱柱(支撑板)和四个圆柱孔组成。

(1)定量尺寸:底板为76×50×8、四棱柱为38×28×27、支撑板为19×6×19 和6×11×19、圆柱孔为 $\phi8$。

(2)定位尺寸:由于形体前后、左右对称,四棱柱与底板、支撑板与底板均以对称线为基准,不需要定位尺寸。四个圆柱孔在长度方向上的定位尺寸是56,在宽度方向上的定位尺寸是36。

(3)总尺寸为76×50×35。

尺寸标注的位置见图7-25。

第六节 剖 面 图

形体的基本视图和辅助视图主要表示形体的外部形状。在视图中形体内部形状的不可见轮廓线需要用虚线画出。如果形体内部形状复杂，虚线就会过多，则在图面上就会出现内外轮廓线重叠、虚线之间交叉、混杂不清，既影响读图又影响尺寸标注，甚至会出现错误。例如图 7-26 所示，在形体的正立面图和左侧立面图中，就出现了表示形体内部构造的虚线。

为了清楚地表示形体的内部构造，工程上通常用不带虚线的剖面图替换带有虚线的视图。

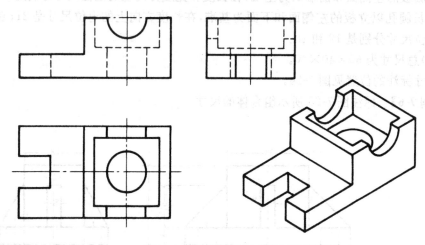

图 7-26　带有虚线的视图

一、剖面图的形成

如图 7-27(a)所示，假想用一个剖切平面将形体切开，移去剖切平面与观者之间的部分形体，将剩下的部分形体向投影面投影，所得到的投影图称为剖面图，简称"剖面"。

从剖面图的形成过程可以看出：形体被切开并移去剖切平面与观者之间的部分形体以后，其内部结构即显露出来，使形体内部原本看不见的部分变成看得见了，于是在视图中表示内部结构的虚线在剖面图中变成了看得见的实线。

二、剖面图的画法

(一)确定剖切位置

画剖面图时，首先应根据图示的需要和形体的特点确定剖切平面的剖切位置和投影方向，使剖切后所画出的剖面图能准确、清楚地表达形体的内部形状。剖切平面一般应通过形体内部的对称平面或孔、槽的轴线，且应平行于投影面。剖面图的投影方向基本上与视图的投影方向一致。

(二)画剖面图

剖切位置确定之后，即可将形体切开，并且按投影的方法画出保留部分（剖切平面与投影面之间的部分）的投影图，即得剖面图。

在工程图样中，如果形体的外部形状比较简单、读图不受影响的情况下，可以将视图改画成剖面图（用剖面图替换视图）。把视图改画成剖面图的一般步骤是：(1)视图中的外形轮

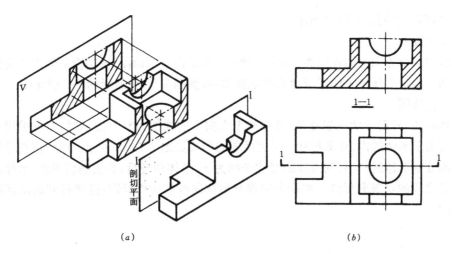

图 7-27 剖面图（全剖）的形成及画法
(a)形成； (b)画法

廓线，一般情况下仍是剖面图的外形轮廓线——保持不变；(2)视图中原本看不见的虚线，剖切后在剖面图中变成了看得见的粗实线——虚线改成粗实线。

（三）画图例线

画剖面图时，为了明显地表示出形体的内部构造，要求把剖切平面与形体接触的部位以及剖切平面与形体不接触的部位（有孔、槽的部位）加以区分，按规定应在剖切平面与形体接触的部位画出图例线。图例线用间距2～6mm的45°细斜线表示。细实线的方向、间距必须一致。如果需要表明物体的构造材料时，可以把图例线改画成材料图例。

最后，需要注意的是：由于剖切是假想的，因此，某一视图改画成剖面图之后，其它视图仍然要保持图形的完整性。

三、剖面图的标注

剖面图的图形，是由剖切平面的位置和投影方向决定的。因此，在剖面图中要用剖切符号指明剖切位置和投影方向。为了便于读图，还要对剖切符号进行编号，并在相对应的剖面图下方标注相应的编号名称。

(1)剖切符号由剖切位置线和剖视方向线组成。剖切位置由剖切位置线表示，剖切位置线用粗实线绘制，长度约6～10mm，剖切位置线不得与图中其它图线相交；剖切后的投影方向用剖视方向线来表示，剖视方向线应垂直地画在剖切位置线的两端，其指向即为投影方向。剖视方向线用粗实线绘制，长度约4～6mm。

(2)剖切符号的编号要用阿拉伯数字按从左到右、从下到上的顺序连续编排，数字要注写在剖视方向线的端部。剖切位置线需要转折时，在转折处也应加注相同的编号。编号数字一律水平书写。如图7-27中平面图上所示的剖切符号及编号。

(3)剖面图的名称要用与剖切符号相同的编号命名，并注写在剖面图的下方，如图7-27中的1-1剖面图。

当剖切平面通过形体的对称平面，且剖面图又是按投影关系配置时，上述标注可以省略。

四、常用的剖面图

画剖面图时，在表示形体内部形状清楚的前提下，可以根据形体的形状特点，采用不同的剖切方式,画出不同类型的剖面图。

（一）全剖面图

当形体在某个方向上的视图为非对称图形时,应采用全剖面图。所谓全剖面图就是假想用一个剖切平面把形体整个切开所得到的剖面图,例如图7-27中所示的1-1剖面图。

（二）半剖面图

当形体的内、外部形状均较复杂,且在某个方向上的视图为对称图形时,可以采用半剖面图来同时表示形体的内、外部形状。半剖面图的形成如图7-28(a)所示。图中剖切平面的剖切深度刚好是形体的一半、到形体的对称平面为止。形体切开后,移去剖切平面、形体的对称面和观者之间的这部分形体而将剩余的部分形体向投影面作投影,这样得到的剖面图称为半剖面图。

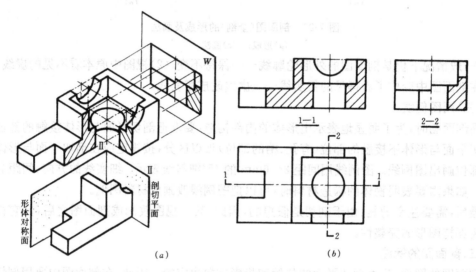

图 7-28 半剖面图
(a)形成; (b)画法

半剖面图应以视图的对称线（即形体的对称面）为分界线,一半画成视图,一半画成剖面图,也就是说,半剖面图是由半个视图和半个剖面图合成的。半剖面图中的半个剖面通常画在图形的垂直对称线的右方或水平对称线的下方。在半剖面图中,由于形体的内部形状已在剖面图上表示清楚,所以视图上的虚线可以省去不画。

半剖面图的标注方法与全剖面图相同,见图7-28(b)中2-2剖面图。

（三）局部剖面图

当形体某一局部的内部形状需要表达时,可以用剖切平面将形体的局部剖切开而得到的剖面图称为局部剖面图,如图7-29所示。

画局部剖面时,要用波浪线标明剖面的范围,波浪线不能与视图中的轮廓线重合,也不能超出图形的轮廓线。

（四）阶梯剖面图

如果形体上有较多的孔、槽等,当用一个剖切平面不能都剖到时,则可以假想用几个互相平行的剖切平面分别通过孔、槽的轴线把形体剖切开所得到的剖面图称为阶梯剖面图,如

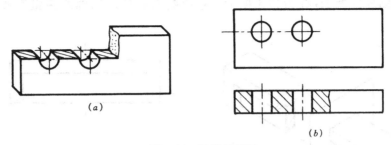

图 7-29　局部剖面图
(a)形成；　(b)画法

图 7-30 所示。

　　阶梯剖面属于全剖面,在阶梯剖面图中不能把剖切平面的转折平面投影成直线,而且要避免剖切平面在图形内的图线上转折。阶梯剖面剖切位置的起、止和转折处要用相同的阿拉伯数字进行标注,如图 7-30(b)所示。

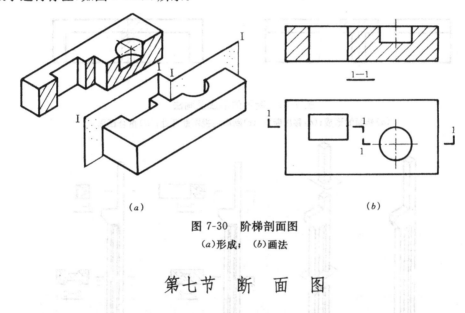

图 7-30　阶梯剖面图
(a)形成；　(b)画法

第七节　断　面　图

　　工程实际中,当需要表示形体的截断面形状时,通常画出其断面图。

一、断面图的形成

　　假想用一个剖切平面把形体切开,画出剖切平面截切形体所得的断面图形的投影图称为断面图,简称"断面",见图 7-31(a)所示。

二、断面图的标注

　　断面图的形状是由剖切位置和投影方向决定的。画断面图时,要用剖切符号表明剖切位置和投影方向。剖切位置用剖切位置线表示,剖切位置线用 6~10mm 长的粗实线绘制。投影方向用编号数字的注写位置表示,数字注写在剖切位置线的哪一侧,就表示向哪个方向投影,见图7-31(b)所示。

　　断面图一般要画上图例线或材料图例,其方法同剖面图。

三、断面图的画法

(一)移出断面

画在视图外的断面,称为移出断面。移出断面的外形轮廓线用粗实线绘制,见图 7-31(b)。

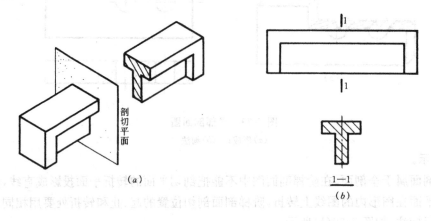

图 7-31　断面的形成及画法
(a)断面的形成;(b)移出断面;(c)断面在视图断开处;(d)重合断面

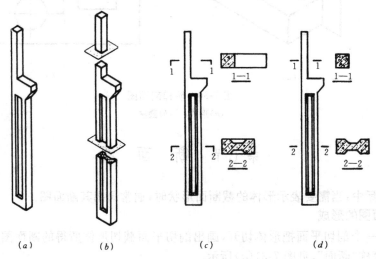

图 7-32　剖面图与断面图的区别
(a)形体;　(b)剖切;　(c)剖面图;　(d)断面图

当形体需要作出多个断面时,可将各个断面图整齐地排列在视图的周围。画断面图时,根据实际情况,可以采用不同的比例,但需注明。

形体较长且所有的断面图形都相同时,可以将断面图画在视图中间断开处,见图 7-31(c)所示。

(二)重合断面

画在视图以内的断面称为重合断面。重合断面的轮廓线应与形体的轮廓线有所区别,当形体的轮廓线为粗实线时,重合断面的轮廓线应为细实线,反之则用粗实线。重合断面见图7-31(d)所示。

断面图与剖面图的区别在于:断面图只是形体被剖切平面所切到的截断面图形的投影,它是"面"的投影;而剖面图则是剖切平面后面剩余部分形体的投影,它是"体"的投影。所以断面图是剖面图的一部分,即剖面图中包含断面图。

图 7-32 所示为用 2∶1 比例画出的混凝土工字柱的剖面图与断面图。

思 考 题

1.什么是基本视图和辅助视图?

2.叙述形体分析法在画图、读图、尺寸标注中的运用。

3.画组合体视图时,首选正立面图的原则是什么?

4.形体分析法与线面分析法的读图不同点是什么?

5.组合体的尺寸有几类? 标注尺寸的原则是什么?

6.什么是剖面图、断面图? 二者异同点是什么?

第八章 建筑施工图

建筑施工图是根据正投影原理和有关的专业知识绘制的一种工程图样,其主要任务在于表示房屋的内外形状、平面布置、楼层层高及建筑构造与装饰做法等。它是指导土建工程施工的主要依据之一。

第一节 概 述

一、房屋的组成及其作用

每一幢房屋不论其使用功能和使用对象有何不同,但它们的基本构造是类似的。现以图8-1所示某学校的学生宿舍为例,将房屋各组成部分的名称及其作用做一简单介绍。

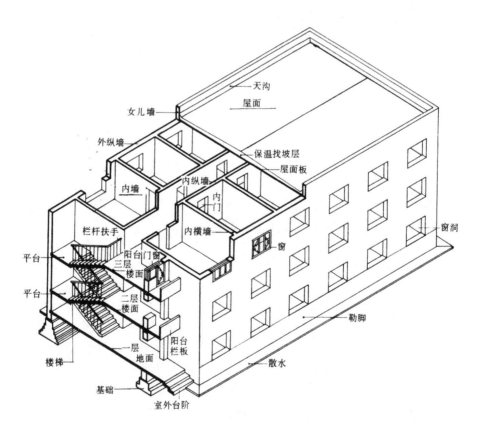

图 8-1 房屋的组成

一幢房屋,一般是由基础、墙或柱、楼面及地面、屋顶、楼梯和门窗等六大部分组成。它们

126

各处在不同的部位,发挥着各自的作用。其中起承重作用的部分称为构件、如基础、墙、柱、梁和板等;而起围护及装饰作用的部分称为配件,如门、窗和隔墙等。因此,房屋是由许多构件、配件和装修构造组成的。

基础是房屋最下部埋在土中的承重构件,它承受着房屋的全部荷载,并将这些荷载传给地基。基础上面是墙,包括外墙和内墙,它们共同承受着由屋顶和楼面传来的荷载,并传给基础。同时,外墙还起着围护作用,抵御自然界各种因素对室内的侵袭,而内墙具有分隔空间,组成各种用途的房间。外墙与室外地面接近的部位称为勒脚,为保护墙身不受雨水浸蚀,常在勒脚处将墙体加厚并外抹水泥砂浆。楼面、地面是房屋建筑中水平方向的承重构件,除承受家具、设备和人体荷载及其本身自重外,同时,它还对墙身起着水平支撑作用。

窗的作用是采光、通风与围护。楼梯、走廊、门和台阶在房屋中起着沟通内外、上下交通的作用。此外,还有挑檐、雨水管、散水、烟道、通风道等排水、排烟、通风设施。

房屋的第一层称为底层(或首层),最上一层称为顶层,底层与顶层之间的若干层可依次称之为二层、三层……,或统称为中间层。

二、房屋施工图的分类

房屋施工图是用于指导施工的一套图纸,按其内容和作用的不同,可分为建筑施工图、结构施工图和设备施工图三部分。

1.建筑施工图(简称建施)

建筑施工图主要表示房屋建筑群体的总体布局,房屋的平面布置、外观形状、构造做法及所用材料等内容。它一般包括有总平面图、建筑平面图、建筑立面图、建筑剖面图和建筑详图等图纸。

2.结构施工图(简称结施)

结构施工图主要表示房屋承重构件的布置、类型、规格,及其所用材料、配筋形式和施工要求等内容。它一般包括有结构平面布置图、各种构件详图和结构构造详图等图纸。

3.设备施工图(简称设施)

设备施工图主要表示室内给水排水、采暖通风、电气照明等设备的布置、安装要求和线路敷设等内容。其中包括平面布置图、系统图和详图等图纸。

第二节 总平面图

总平面图是将拟建工程附近一定范围内的建筑物、构筑物及其自然状况,用水平投影方法和相应的图例画出的图样。它主要反映原有与新建房屋的平面形状、所在位置、朝向、标高、占地面积和邻界情况等内容。总平面图是新建房屋定位、施工放线、土方施工及施工总平面设计和其它工程管线设置的依据。

图 8-2 是某学校拟建学生宿舍的总平面图,现结合此例介绍有关总平面图的一些基本内容和看图方法。

一、总平面图图例

总平面图所表示的区域一般都较大,因此,在实际工程中常采用较小的比例绘制,如1:500、1:1000、1:2000 等。总平面图上所标注的尺寸,一律以米(m)为单位。某些地物因其尺寸较小,若按其投影绘制则有一定难度,故在总平面图中需用"国标"规定的图例表示,

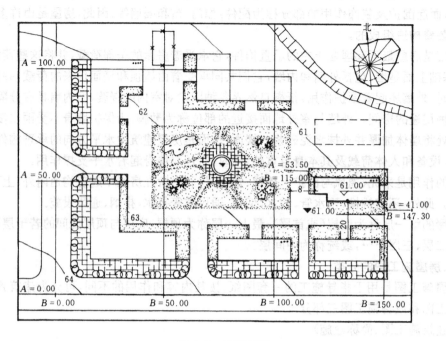

图 8-2 总平面图

总平面图中常用图例见表 8-1。

总平面图例

表 8-1

名　称	图　例	说　　明	名　称	图　例	说　　明
新建的建筑物		1. 上图为不画出入口图例,下图为画出入口图例 2. 需要时,可在图形内右上角以点数或数字(高层宜用数字)表示层数 3. 用粗实线表示	新建的道路	R9 150.00	1. "R9"表示道路转弯半径为9m,"150.00"为路面中心标高,"6"表示6%,为纵向坡度,"101.00"表示变坡点间距离 2. 图中斜线为道路断面示意,根据实际需要绘制
原有的建筑物		1. 应注明拟利用者 2. 用细实线表示	原有的道路		
计划扩建预留地或建筑物		用中虚线表示	计划扩建的道路		
拆除的建筑物		用细实线表示	室内标高	154.20	
挡土墙		被挡土在"突出"的一侧	室外标高	▼143.00	

128

名 称	图 例	说 明	名 称	图 例	说 明
围墙及大门		1. 上图为砖石、混凝土或金属材料的围墙。下图为镀锌铁丝网篱笆等围墙 2. 如仅表示围墙时不画大门	填挖坡度		边坡较长时，可在一端或两端局部表示
			护坡		护坡很长时，可在一端或两端局部表示

二、建筑定位

新建房屋的位置可用定位尺寸或坐标确定。定位尺寸应标明与其相邻的原有建筑物或道路中心线的距离。在地形图上以南北方向为 X 轴，东西方向为 Y 轴，以 $100m \times 100m$ 或 $50m \times 50m$ 画成的细网格线称为测量坐标网。在此坐标网中，房屋的平面位置可由房屋三个墙角的坐标来定位。当房屋的两个主向平行坐标轴时，标注出两个相对墙角的坐标就够了，如图 8-3 所示。

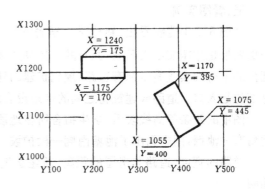

图 8-3　测量坐标网

当房屋的两个主向与测量坐标网不平行时，为方便施工，通常采用施工坐标网定位。其方法是在图中选定某一适当位置为坐标原点，以竖直方向为 A 轴，水平方向为 B 轴，同样以 $100m \times 100m$ 或 $50m \times 50m$ 进行分格，即为施工坐标网，只要在图中标明房屋两个相对墙角的 A、B 坐标值，就可以确定其位置，如图 8-2 中的新建学生宿舍，两个相对墙角的坐标为：$\begin{array}{l}A=53.50\\B=118.00\end{array}$、$\begin{array}{l}A=41.00\\B=147.30\end{array}$。根据坐标不但能确定房屋的位置，还可算出其总长和总宽（总长为 29.30m、总宽为 12.50m）。

如果总平面图上同时画有测量坐标网和施工坐标网时，应注明两坐标系统的换算公式。

三、等高线和绝对标高

总平面图中通常画有多条等高线，以表示该区域的地势高低。它是计算挖方或填方以及确定雨水排放方向的依据。同时，为了表示每个建筑物与地形之间的高度关系，常在房屋平面图形内标注首层地面标高。此外，构筑物、道路中心的交叉口等处也需标注标高，以表明该处的高程。

总平面图中所注标高均为绝对标高。所谓绝对标高，是指以我国青岛附近的黄海平均海平面作为零点而测量的高度尺寸。其它各地标高均以此为基准。绝对标高的数值，一律以米（m）为单位，一般注至小数点后两位。室外平整标高，用涂黑的三角符号表示（见表 8-1）。标高符号的形式及尺寸规格如图 8-4 所示。

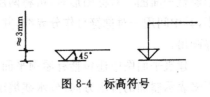

图 8-4　标高符号

四、指北针和风向频率玫瑰图

新建房屋的朝向可由总平面图中的指北针来确定。指北针的细实线圆其直径一般以

24mm 为宜,指北针下端宽度为直径的 1/8,在指北针的尖端部应注写"北"字,见图 8-5。

风向频率玫瑰图是用来表示新建房屋所在地区的风向情况示意图,如图 8-6 所示。图中 16 个(或 8 个)方向的实线图形表示了该地区的常年风向频率;虚线表示夏季风向频率,其箭头方向表示北向。风的方向是从外吹向所在地区中心。从图 8-2 所示的风向频率玫瑰图中可以看出该地区常年主导风向是东北风,夏季主导风向是西南风。

图 8-5 指北斜   图 8-6 风向玫瑰图

五、看图实例

从图 8-2 中能够看出,新建学生宿舍的平面图形是用粗实线表示的,原有的房屋画成细实线,其中打叉的是应拆除的建筑物。带有圆角的平行细实线表示原有道路,规划扩建的建筑物用中虚线表示。新建房屋平面图形的凹进部位是入口。道路或建筑物之间的空地设有绿化地带。

图中的四条等高线表示:学生宿舍所在地段地势较平坦,西南地势较高,坡向东北。在东北角有一池塘,图中画出了池塘南侧一段护坡。

道路的宽度、道路与房屋的距离、新建学生宿舍与原有房屋的距离等尺寸,均已在图中标明。

第三节 建筑平面图

建筑平面图主要表示房屋的平面形状、大小,内部分割和使用功能,墙体材料和厚度,门窗类型与位置;楼梯和走廊的位置等。它是房屋施工图中最基本的图样之一,同时也是施工放线、砌筑墙体、安装门窗和编制预算的主要依据。

一、建筑平面图的形成和名称

假想用一水平剖切平面沿房屋的门窗洞口(距地面 1m 左右)将房屋整个切开,移去上面部分,对其下面部分作出的水平剖面图,称为建筑平面图,简称平面图。

沿底层门窗洞口剖切得到的平面图称为底层平面图或一层平面图。用同样的办法亦得到二层平面图、三层平面图……顶层平面图。如果中间各层的房间平面布置完全一样时,则相同楼层可用一个平面图表示,该平面图称为标准层平面图,否则每一层都要画出平面图。当建筑平面图为对称图形时,可将两层平面图画在同一个图上,即不同楼层的平面图各画一半,其中间用一对称符号作分界线,并在图的下方分别标注相应的图名。但底层平面图需完整画出。

建筑平面图中还包括有屋顶平面图,也称屋面排水示意图。它是房屋顶面的水平投影,用来表示屋面的排水方向、分水线坡度、雨水管位置等。图中还应画出凸出屋面以上的水箱、烟道、通风道、天窗、女儿墙以及俯视方向可见的房屋构造物,如阳台、雨篷、消防梯等。如果屋顶平面图中的内容很简单,也可省略不画,但排水方向、坡度需在剖面图中表示清楚。

图 8-7、图 8-8 和图 8-9 分别是学生宿舍的底层平面图、二层平面图和屋顶平面图。

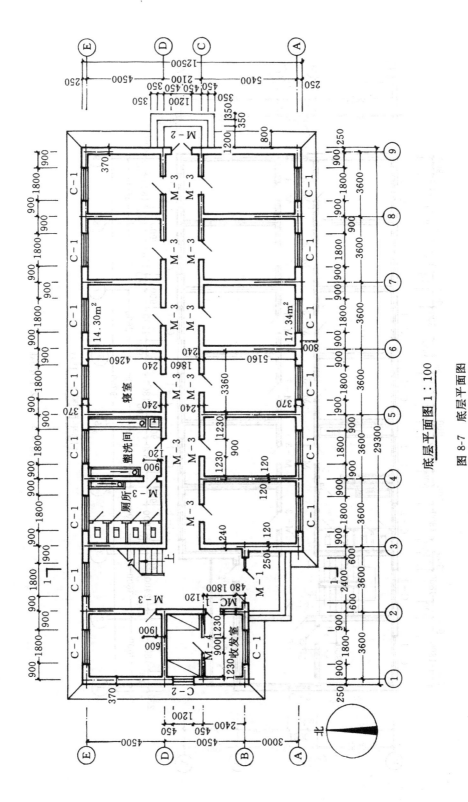

底层平面图 1：100

图 8-7　底层平面图

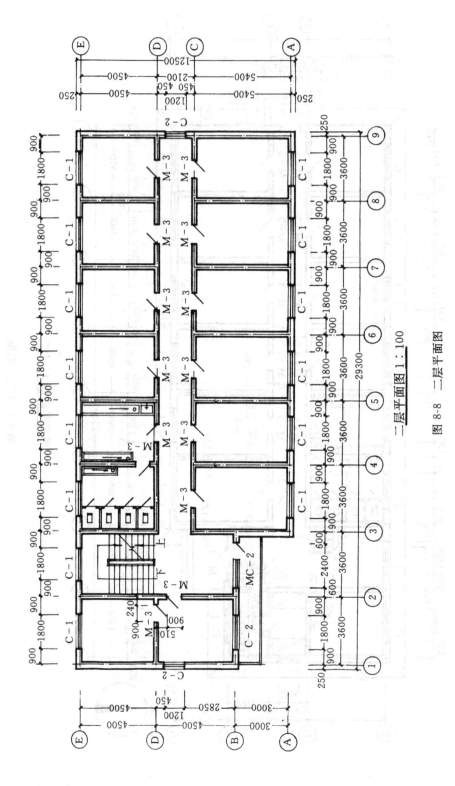

二层平面图 1:100

图 8-8　二层平面图

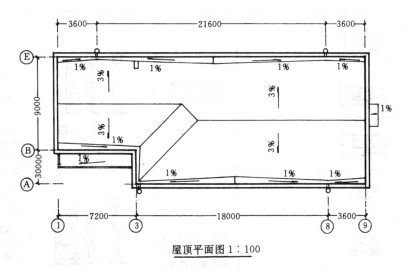

屋顶平面图 1:100

图 8-9 屋顶平面图

二、平面图的内容和规定画法

(一)比例

由于建筑物的形体较大,因此,常用较小的比例绘制建筑施工图。平面图常用比例见表 8-2。

比　例(GBJ104—87)　　　　　　　　表 8-2

图　　　名	比　　　例
建筑物或构筑物的平面图、立面图、剖面图	1:50, 1:100, 1:200
建筑物或构筑物的局部放大图	1:10, 1:20, 1:50
配件及构造详图	1:1, 1:2, 1:5, 1:10, 1:20, 1:50

(二)图例

因为建筑平面图的绘图比例较小,所以在平面图中某些建筑构造、配件和卫生器具等都不能按其真实投影画出,而是要用"国标"中规定的图例表示。绘制房屋施工图常用图例见表 8-3。

(三)定位轴线

在房屋施工图中,用来确定房屋基础、墙、柱和梁等承重构件的相对位置,并带有编号的轴线称为定位轴线。它是施工放线、测量定位、结构设计的依据。

定位轴线要用细实线画出,端部还要画上直径为 8mm 的细实线圆,并在圆内写上编号。房屋的横向墙、柱轴线编号用阿拉伯数字按水平方向从左至右顺序编写(如图 8-7 中的 1 至 9);纵向墙、柱轴线编写应用大写拉丁字母,从下至上顺序编写(如图 8-7 中的 A 至 E),但拉丁字母中的 I、O、Z 三个字母不得作为轴线编号,以免与数字 1、0、2 混淆。

房屋施工图常用图例(GBJ/04-87) **表 8-3**

名称	图例	说明	名称	图例	说明
炉灶	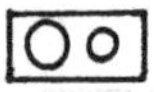		单扇门(包括平开或单面弹簧)	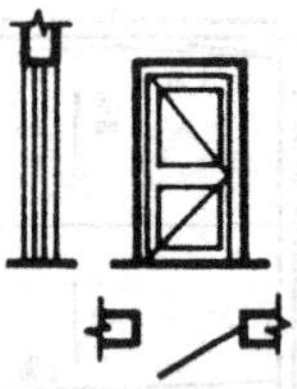	1. 门的名称代号用 *M* 表示 2. 剖面图上左为外,右为内 3. 立面图上开启方向线交角的一侧为安装合页的一侧,实线为外开;虚线为内开 4. 平面图上的开启弧线及立面图上的开启方向线在一般设计图上不需表示,仅在制作图上表示 5. 立面形式应按实际情况绘制
烟道	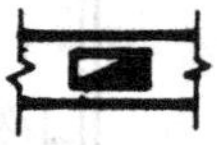				
通风道	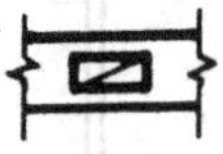				
洗脸盆	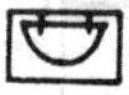		双扇内外开双扇门(包括平开式或单面弹簧)	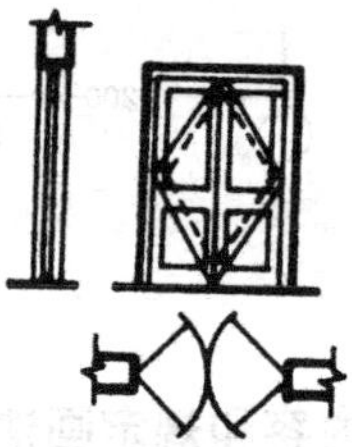	
污水池	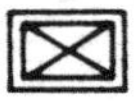				
浴盆	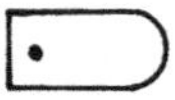				
坐式大便器	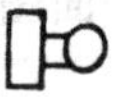		单层外开平开窗	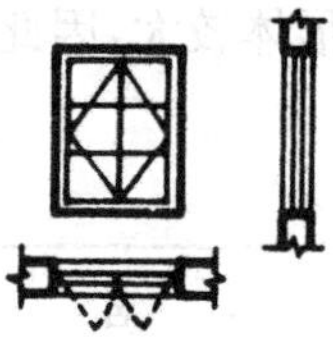	1. 窗的名称代号用 *C* 表示 2. 立面图中的斜线表示窗的开关方向,实线为外开;虚线为内开。开启方向线交角的一侧为安装合页的一侧,一般设计图上可不表示 3. 剖面图上左为外,右为内,平面图下为外,上为内 4. 平面图的虚线仅说明开关方式,在设计图中不需表示 5. 窗的立面形式应按实际情况绘制
蹲式大便器	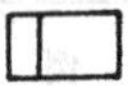				
楼梯	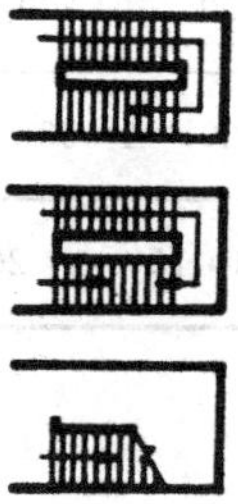	1. 上图为底层楼梯平面,中图为中间层楼梯平面,下图为顶层平面图 2. 楼梯的形式及步数应按实际情况绘制	双层内外平开窗	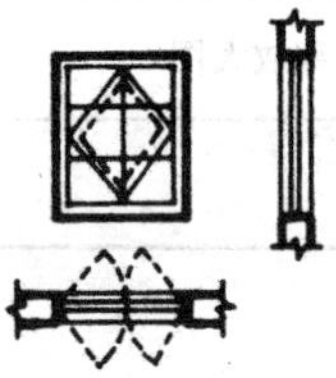	

轴线编号可以根据情况,标注在平面图的上方、下方、左侧和右侧。

对于那些非承重构件,可画附加轴线,其编号用分数形式表示,分母表示前一主要承重构件的编号,分子表示附加轴线的编号,如图 8-10 所示。

定位轴线在墙、柱中的位置是与墙的厚度、柱的宽度和位于其上面的梁、板搭接深度有关。在砖墙承重的民用建筑中,楼板在墙上的搭接深度为 120mm,因此,外墙的定位轴线定在距墙内皮 120mm 的位置上,而内墙的定位轴线位置为居中布置。常见的定位轴线位置如图 8-11 所示。

在一些简单的或对称的平面图上,定位轴线的编号只需标在图样的下方和左侧就可以了。

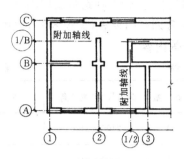

图 8-10　附加定位轴线编号

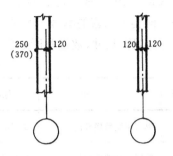

图 8-11　定位轴线位置

（四）图线

由于在平面图上要表示的内容较多，为了分清主次和增加图面效果，常选用不同的线宽和线型来表达不同的内容。在"国标"中规定，凡是被剖到的主要建筑构造，如承重墙、柱等断面轮廓线用粗实线绘制（墙、柱断面轮廓线不包括抹灰层厚度），被剖切到的次要建筑构造以及未剖切到但可见的配件轮廓线，如窗台、阳台、台阶、楼梯、门的开启方向和散水等均用中实线画出（见图8-7）。

（五）尺寸

平面图尺寸分外部尺寸和内部尺寸两部分。

1.外部尺寸

为了便于看图和施工，需要在外墙外侧标注三道尺寸：

第一道尺寸为房屋外廓的总尺寸，即从一端的外墙边到另一端的外墙边的总长和总宽；

第二道尺寸为定位轴线间的尺寸，其中横墙轴线间的尺寸称为开间尺寸，纵墙轴线间的尺寸称为进深尺寸；

第三道尺寸为分段尺寸，表达门窗洞口宽度和位置，墙垛分段以及细部构造等。标注这道尺寸应以轴线为基准。

三道尺寸线之间距离一般为7～10mm，第三道尺寸线与平面图中最近的图形轮廓线之间距离不宜小于10mm。

当平面图的上下或左右的外部尺寸相同时，只需要标注左（右）侧尺寸与下（上）方尺寸就可以了；否则，平面图的上下与左右均应标注尺寸。

外墙以外的台阶、平台、散水等细部尺寸应另行标注。

2.内部尺寸

内部尺寸是指外墙以内的全部尺寸，它主要用于注明内墙门窗洞口的位置及其宽度、墙体厚度、房间大小、卫生器具、灶台和洗涤盆等固定设备的位置及其大小。

此外，还应标明房间的使用面积和楼、地面的相对标高（规定一层地面标高为±0.000，其它各处标高以此为基准，相对标高以米（m）为单位，注写到小数点后三位），以及房间的名称。

（六）门窗编号及门窗表

在平面图中，门窗是按"国标"规定的图例表示的（窗画二条平行的细实线，单层门画一条向内或向外的45°中实线，双层门画二条向内、外的45°中实线）。在门窗洞口处的一侧应标注门窗编号，用以区别门窗类型，统计门窗数量，如 M—1、M—2、……，C—1、C—2……和 CM—1、CM—2……等。其中 M 是门的代号，C 是窗的代号，CM 则是带窗门的代号，1、2、3……是不同类型门窗的编号。为了便于施工，图中还常列有门窗表（见表 8-4），表中应列出门窗编号、名称、尺寸、数量及所选用标准图集的编号等内容。

门 窗 明 细 表　　　　　　　　　表 8-4

编　号	名　　　称	标准图集及编号	数量	洞口尺寸（宽×高）	备　　注
M—1	单层木制玻璃外门	龙 J101　10-1	1	2400×2400	
M—2	单层木制玻璃外门	龙 J101　32-15	1	1200×2400	
M—3	单层木制玻璃内门	龙 J101　180-3	41	900×2400	
M—4	单层木制半玻璃内门	龙 J101　129-13	1	900×2400	
MC—1		龙 J101　91-17(G)	1	1800×2400	将窗宽 700 改为 1600
MC—2		龙 J101　91-17(G)	2	2400×2400	将窗宽改为 1000
C—1	双层内开木窗	龙 J201　33-31	45	1800×1500	
C—2	双层内开木窗	龙 J201　32-31	5	1200×1500	

（七）抹灰层、材料图例

平面图中被剖切到的构、配件断面上，其抹灰层和材料图例应根据不同的比例采用不同的画法：

比例大于 1∶50 的平面图，应画出抹灰层的面层线，并宜画出材料图例；

比例等于 1∶50 的平面图，抹灰面层线应根据需要而定；

比例小于 1∶50 的平面图，可不画抹灰层的面层线；

比例为 1∶100～1∶200 的平面图，可简化材料图例，如砖墙涂红，钢筋混凝土涂黑等；

比例小于 1∶200 的平面图，可不画材料图例。

三、看图示例

现结合本章图 8-7 所示底层平面，说明平面图的内容及其阅读方法：

从图名上可以知道这是学生宿舍底层平面图，其比例为 1∶100，从平面图左下角处的指北针可以看出该宿舍为座北朝南方向。宿舍入口位于楼的西南角②～③之间，室外设有三步台阶，楼梯间正对入口，门厅左侧是收发室、值班室和备品库。门厅右侧的东西向走廊端头设有次要出入口，走廊两侧分布有 12 个房间，其中北侧③～⑤之间的两个房间为盥洗室和厕所，其它各房间均为学生宿舍。

图中横向定位轴线编号为 1～9，竖向定位轴线编号为 A～E。房屋总长 29.30m，总宽 12.50m。开间尺寸均为 3.60m，南侧房间进深为 5.40m，北侧房间进深为 4.50m。外墙厚为 370mm，内墙厚均为 240mm。外门编号为 M—1、M—2，内门编号为 M—3、M—4，窗的编号为 C—1、C—2。门和窗的详细尺寸均在门窗表中表明。

图中还表示了室内楼梯、各种卫生设备的配置和位置情况，以及室外台阶、散水的大小与位置。

第四节　建筑立面图

建筑立面图是在与房屋立面平行的投影面上所作的正投影图，简称立面图。它主要用于表示房屋的外部造型和各部分配件的形状及相互关系，立面装饰材料及其做法。

一、立面图的名称

当房屋前后、左右的立面形状不同时，应当画出每个方向的立面图，此时，立面图的名称可称为正立面图、背立面图、左侧立面图和右侧立面图。有时也可按房屋的朝向称为南立面图、北立面图、东立面图和西立面图，或以房屋两端的定位轴线编号命名，如①—⑨立面图、Ⓐ—Ⓔ立面图。图8-12、图8-13、图8-14分别为学生宿舍的南立面图、西立面图和东立面图。

二、立面图的规定画法

（一）比例

绘制立面图所采用的比例应与平面图相同，其常用比例见表8-2。

（二）定位轴线

在立面图中，一般只画两端的定位轴线及其编号，以便与平面图对照确定立面图的方向，如图8-12中的①—⑨和图8-14中的Ⓐ—Ⓔ。

（三）图线

为了使立面图中的主次轮廓线层次分明，增强图面效果，应采用不同的线型。具体要求如下：

室外地面线用特粗线（1.4b）表示；立面外包轮廓线用粗实线绘制；门窗洞口、台阶、花台、阳台、雨篷、檐口、烟道、通风道等均用中实线画出；某些细部轮廓线，如门窗格子、阳台栏杆、装饰线脚、墙面分格线、雨水管和文字说明引出线等均用细实线画出。

（四）图例及省略画法

立面图中的门窗可按表8-3中的图例绘制。外墙面的装饰材料除可画出部分图例外，还应用文字加以说明。图中相同的门窗、阳台、外檐装饰、构造做法等可在局部重点表示，绘出其完整图形，其余可只画轮廓线。

三、尺寸标注

立面图中应注出外墙各主要部位的标高及高度方向的尺寸，如室外地面、台阶、窗台、门窗上口、阳台、雨篷、檐口、屋顶、烟道、通风道等处的标高。对于外墙预留洞除注出标高外，还应注明其定量尺寸和定位尺寸。

四、看图示例

现以本章图8-12南立面图为例说明立面图的内容及阅读方法：

查找轴线编号。立面图两端通常标注有定位轴线编号，此编号与平面图的轴线编号是一致的，将两者联系起来对照阅读，便能够确定该立面图是表示房屋的南向立面图。

了解房屋的外形。从立面图上能够看出，房屋的外形到房屋的高度变化，以及台阶、勒脚、阳台、雨篷、门窗、屋顶和雨水管等细部的形式和位置。图中表示出主要出入口位于房屋的西南角，次要出入口位于一层东侧。

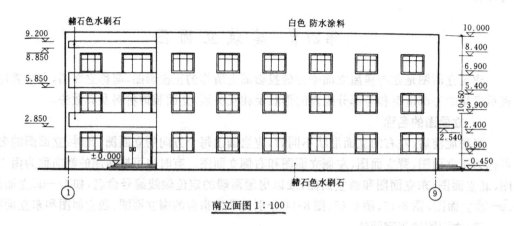

图 8-12 南立面图

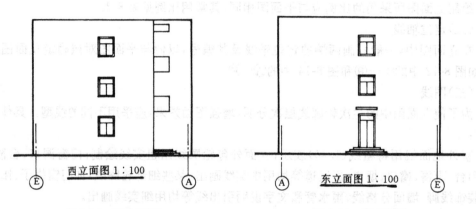

图 8-13 西立面图   图 8-14 东立面图

　　了解房屋各部位的标高。从图中所标注的标高能够看出房屋室内外地面高差为 0.45m，房屋最高处标高为 10.00m，其它各部位标高和高度方向尺寸如图所示。

　　了解墙面装饰材料及做法。从图中引出的文字说明中，可知房屋外墙面装饰材料为白色涂料，勒脚为褐色水刷石抹面。

第五节　建筑剖面图

　　建筑剖面图主要表示房屋的内部结构、分层情况、各层高度、楼面和地面的构造以及各配件在垂直方向上的相互关系等内容。图 8-15 为本章实例的 1-1 剖面图。

一、建筑剖面图的形成及特点

　　假想用正平面或侧平面作为剖切平面剖切房屋，所得到的垂直剖面图称为建筑剖面图，简称剖面图。

　　剖面图的剖切位置应选在房屋的主要部位或建筑构造较为典型的部位，如剖切平面通过门窗洞口和楼梯间。当一个剖切平面不能同时剖到这些部位时，可采用若干个平行的剖切

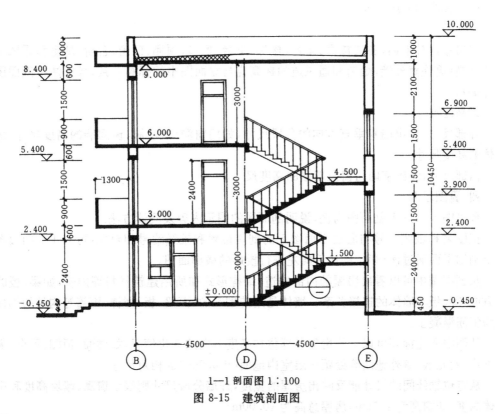

1—1 剖面图 1：100

图 8-15　建筑剖面图

平面。

　　剖面图的数量应根据房屋复杂程度而定。剖切平面一般取侧平面，所得到的剖面图为横向剖面图；必要时也可取正平面，所得剖面图为纵向剖面图。

二、规定画法

（一）定位轴线

　　在剖面图中，凡是被剖到的承重墙、柱都要画出定位轴线，并注写与平面图相同的编号。

（二）剖切符号

　　剖切位置线和剖视方向线必须在底层平面图中画出并注写编号，在剖面图的下方标注与其相同的图名。

（三）图线

　　在剖面图中，被剖到的室外地面线用特粗线(1.4b)表示，其他被剖到的部位，如散水、墙身、地面、楼梯、圈梁、过梁、雨篷、阳台、顶棚等均用粗实线或图例表示。在比例小于1：50的剖面图中，钢筋混凝土构件断面允许用涂黑表示。其他未剖到但能看见的建筑构造则按投影关系用中实线画出。

　　由于地面以下的基础部分是属于结构施工图(见第九章)的内容，因此，在画建筑剖面图时，室内地面只画一条粗实线。抹灰层及材料图例的画法与平面图中的规定相同。

三、尺寸标注

（一）轴线尺寸

　　注出承重墙或柱定位轴线间的距离尺寸。

（二）标高和高度尺寸。

1. 标高

注出室内外地面、各层楼面、阳台、楼梯、平台、檐口、顶棚、门窗、台阶、烟道和通风道等处的标高（需注意外墙、烟道和通风道的标高应与立面图中的标高一致，且标注在剖面图的最外侧）。

2. 高度尺寸

外部尺寸，注出墙身垂直方向的分段尺寸，如门窗洞口、勒脚、窗间墙的高度尺寸，房屋主体的高度尺寸。

内部尺寸，注出室内门窗及墙裙的高度尺寸。

四、看图示例

现以图 8-15 1-1 剖面图为例，说明剖面图的图示内容及阅读方法。

把图名和轴线编号与底层平面图上的剖切位置和轴线编号相对照，可知 1-1 剖面图是一个剖切平面通过楼梯间，剖切后向左进行投影的横剖面图。

从剖面图中可以看出房屋的内部构造、结构形式和所用建筑材料等内容，如梁、板的铺设方向，梁、板与墙体的连接关系。墙体是用砖砌筑的，而梁、板、楼梯、雨篷等构件的构成材料为钢筋混凝土。

从图中所注标高可以了解房屋各部位在高度方向的变化情况，如楼面、顶棚、平台、窗洞上下皮、女儿墙、室外地面等处距一层室内地面（±0.000）的相对尺寸。

从定位轴线间的尺寸能反映出房屋的宽度，外墙分段尺寸则表示窗高、墙垛高度和房屋总体高度，如窗高为 1.50m，房屋总高为 10.00m。

第六节　建筑详图

平面图、立面图和剖面图虽然能够表达房屋的平面布置。外部形状、内部构造和主要尺寸，但是由于绘图所用比例较小，许多细部构造、尺寸、材料和做法等内容无法表达清楚。为了满足施工要求，通常用较大比例画出房屋的局部构造的详细图样，称为详图或称大样图。

建筑详图可以是平、立、剖面图中某一局部的放大图，或者是某一局部的放大剖面图，也可以是某一构造节点或某一构件的放大图。

建筑详图包括墙身剖面图和楼梯、阳台、雨篷、厨房、卫生间、门窗、楼梯、建筑装饰等详图。

一、详图的一些规定

（一）比例

详图通常用较大比例绘制，详图中常用比例详见表 8-2。

（二）索引符号与详图符号

1. 索引符号

图样中的某一局部或构件，如需另见详图，应以索引符号索引（图 8-16a），索引符号的圆及直径均应以细实线绘制，圆的直径为 10mm。索引符号应按下列规定编号：

（1）索引出的详图与被索引的图样同在一张图纸内，应在索引符号的上半圆中间用阿拉伯数字注明该详图的编号，并在下半圆中间画一条水平短划线（见图 8-16b）。

(2)索引出的详图与被索引的图样不在一张图纸内,则应在索引符号的下半圆中间用阿拉伯数字注明该图所在图纸的编号(见图8-16c)。

(3)索引出的详图,如采用标准图,此时应在索引符号水平直径的延长线上加注该标准图的编号(见图8-16d)。

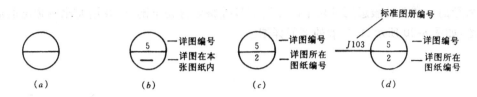

图 8-16　索引符号

2.索引局部剖面详图的索引符号

当索引符号用于索引剖面详图时,应在被剖切的部位画出剖切位置线(粗短划线),并用引出线引出索引符号,引出线所在一侧为剖视方向。索引符号的编号与上述相同,如图8-17所示。

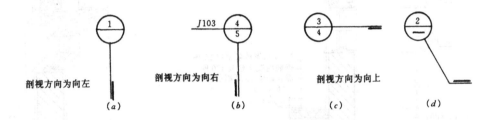

图 8-17　局部剖面详图的索引符号

3.详图符号

详图的位置和编号,应以详图符号表示,详图符号为粗实线圆,其直径为14mm。详图按下列规定编号:

(1)详图与被索引的图样同在一张图纸时,应在详图符号内用阿拉伯数字注明详图的编号,如图8-18(a)所示。

(2)详图与被索引的图样,如不在同一张图纸内时,可在详图符号内画一条水平细实线,在上半圆中间注明详图编号,在下半圆中间注明被索引图纸的图纸号,如图8-18(b)所示。

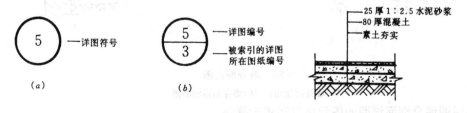

图 8-18　详图符号　　　　　　图 8-19　多层构造说明

(3)多层构造说明

房屋的地面、楼面、屋面、散水、檐口等构造是由多种材料分层构成的,在详图中除画出材料图例外还要用文字加以说明。其方法是用引出线指向被说明的位置，引出线一端应通过被引出的各构造层，另一端应画若干条与其垂直的横线。文字说明宜注写在该横线的上方或端部。说明的顺序应由上至下，并应与被说明的层次相一致；如层次为横向排列，则由上至下的说明顺序应与由左至右的层次相互一致，如图 8-19 所示。

二、墙身剖面详图

墙身剖面详图是假想用剖切平面在窗洞口处将墙身完全剖开，并用大比例画出的墙身剖面图，如图 8-20 所示 A、E 墙的剖面详图。

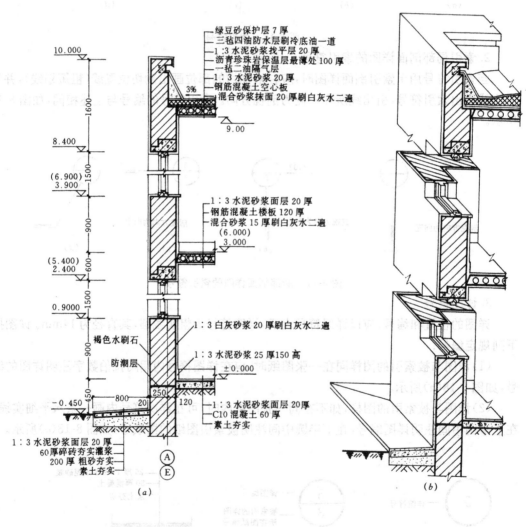

图 8-20　墙身剖面图

(a)墙身剖面图；　(b)墙身剖面轴测图

下面说明墙身剖面详图的图示内容和规定画法。

（一）比例

墙身剖面详图常用比例见表 8-2。图 8-20 所示的 A、E 墙是用 1：20 的比例绘制的。

142

（二）图示内容

墙身剖面详图主要用以详细表达地面、楼面、屋面和檐口等处的构造，楼板与墙体的连接形式以及门窗洞口、窗台、勒脚、防潮层、散水和雨水管等的细部做法。同时，在被剖到的部分应根据所用材料画上相应的材料图例以及注写多层构造说明。

（三）规定画法

由于墙身较高且绘图比例较大，画图时，常在窗洞口处将其折断成几个节点。若多层房屋的各层构造相同时，则可只画底层、顶层或加一个中间层的构造节点。但要在中间层楼面和墙洞上下皮的标高处用括号加注省略层的标高，如图 8-20 中的（6.000）、（5.400）、（6.900）。

有时，房屋的檐口、屋面、楼面、窗台、散水等配件节点详图可直接在建筑标准图集中选用，但需在建筑平面图、立面图或剖面图中的相应部位标出索引符号，并注明标准图集的名称、编号和详图号。

（四）尺寸标注

在墙身剖面详图的外侧，应标注垂直分段尺寸和室外地面、窗口上下皮、外墙顶部等处的标高，墙的内侧应标注室内地面、楼面和顶棚的标高。这些高度尺寸和标高应与剖面图中所标尺寸一致。

墙身剖面详图中的门窗过梁、屋面板和楼板等构件，其详细尺寸均可省略不注，施工时，可在相应的结构施工图中查到。

（五）看图示例

在图 8-20 中，详细表明了墙身从防潮层到屋顶面之间各节点的构造形式及做法，如室外散水坡度、室内地面、防潮层和窗台板等处的详细情况。防潮层为一毡二油，做在底层地面（±0.000）以下 60mm 处。在二层楼面节点上，可以看到楼面的构造，所用预制钢筋混凝土空心板由于没有伸入墙内，显然是搭接在横向内墙上。在窗洞上部设有钢筋混凝土过梁。女儿墙厚240mm，高1000mm。屋面是由预制钢筋混凝土空心板、保温层和防水层构成。屋面横向排水坡度为3%，为有组织排水。图中也标明了墙身内外表面装饰的断面形式、厚度及所用材料等。

三、楼梯详图

在多层建筑中，一般采用现浇或预制钢筋混凝土楼梯。它是由楼梯段、休息平台、平台梁、栏杆（或栏板）和扶手等组成。

楼梯详图包括楼梯平面图、楼梯剖面图、踏步和栏杆扶手节点详图。楼梯详图一般画有建筑详图和结构详图，但当楼梯比较简单时，两图可以合并放在结构施工图中。楼梯详图一般采用1：30、1：40 或 1：50 的比例绘制。

（一）楼梯平面图

楼梯平面图实际是在建筑平面图中，楼梯间部分的局部放大图。通常要画底层平面图，一个中间层平面和顶层平面图，如图 8-21 所示。

由于底层楼梯平面图是沿底层门窗洞口水平剖切而得到的，所以从剖切位置向下看，右边是被切断的梯段（底层第一段），折断线按真实投影画应为一条水平线，为避免与踏步混淆，规定用与墙面线倾斜大约 60°的折断线表示。这条折断线宜从楼梯平台与墙面相交处引出。

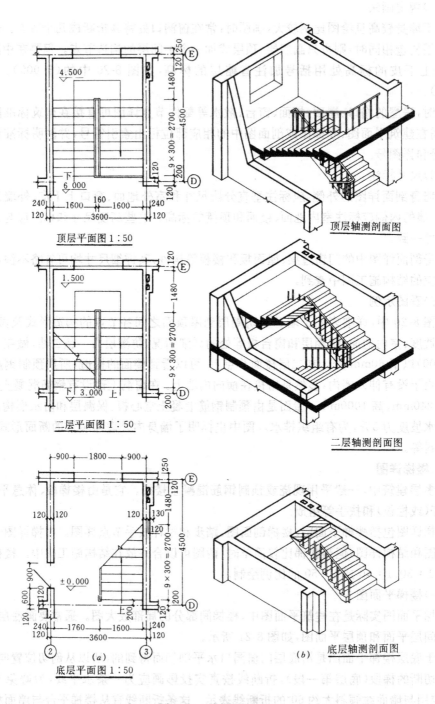

顶层平面图 1:50

顶层轴测剖面图

二层平面图 1:50

二层轴测剖面图

底层平面图 1:50

底层轴测剖面图

(a)

(b)

图 8-21　楼梯平面图

二层楼梯平面，由于剖切平面位于二层的门窗洞口处，所以左侧部分表示由二层下到底层的一部分梯段（底层第二段），右侧部分表示由二层上到顶层的梯段（二层第一段），二层第二个梯段的断开处仍然用斜的折断线表示。

顶层楼梯平面图，由于剖切不到梯段，从剖切位置向下投影时，可画出自顶层下到二层的两个梯段（左侧是二层第二段，右侧是二层第一段）。

为了表示各个楼层的楼梯的上下方向，可在梯段上用指示线和箭头表示，并以各自楼层的楼（地）面为准，在指示线端部注写"上"和"下"。因顶部楼梯平面图中没有向上的楼梯，故只有"下"。

楼梯平面图的作用在于表明各层梯段和楼梯平面的布置以及梯段的长度、宽度和各级踏步的宽度。

楼梯间要用定位轴线及编号表明位置。在各层平面图中要标注楼梯间的开间和进深尺寸、梯段的长度和宽度、踏步面数和宽度、休息平台及其它细部尺寸等。梯段的长度要标注水平投影的长度，通常用踏步面数乘以踏步宽度表示，如底层平面图中的 $9 \times 300 = 2700$。另外还要注出各层楼（地）面、休息平台的标高。

（二）楼梯剖面图

楼梯剖面图实际上是建筑剖面图中，楼梯间部分的局部剖面放大图，它可以详细地表示楼梯的形式和构造，如各构件之间、构件与墙体之间的搭接方法，梯段形状，踏步、栏杆、扶手（或栏板）的形状和高度等，见图 8-22。

在楼梯剖面图中，应注出各层楼（地）面的标高，楼梯段的高度及其踏步的级数和高度。楼梯段高度通常用踏步的级数乘以踏步的高度表示，如剖面图中底层楼梯段的高度为 $10 \times 150 = 1500$。

从图 8-22 中能看出底层和二层共有四个梯段，每个梯段均为 10 个踏步。每个踏步的尺寸都是宽为 300mm，高为 150mm。平台板宽为 1480mm。扶手高度为 90mm，扶手坡度应平行楼梯段的坡度。

应该注意，各层平面图上所画的每一分格，表示梯段的一级踏面。但因梯段最高一级的踏面与平台面或楼面重合，因此，平面图中每一梯段画出的踏面（格）数，总比步级数少一格。如图 8-22 中所示，从顶层楼面往下走的第一梯段共有 10 级，但在楼梯平面图（图 8-22）中只画有 9 格，梯段长度为 $9 \times 300 = 2700$。

（三）楼梯细部节点详图

楼梯栏杆、扶手、踏步面层和楼梯节点的构造，在楼梯平面图和剖面图中仍然不能表示的十分清楚，还需要用更大比例画出节点放大图。

图 8-23 是楼梯节点、栏杆、扶手详图，它能详细表明楼梯梁、板、踏步、栏杆和扶手的细部构造及尺寸。

四、门窗详图

在房屋设计时，如果是选用各种标准门窗，可在施工图首页的门窗明细表中，标明其标准图集代号，而不必另画详图，如果是属于非标准门窗，就一定要画出详图。

门窗详图一般由门窗立面图和节点详图组成，图 8-24 是木窗立面图和节点详图。

（一）立面图

门窗的立面图主要表示门窗的外形，开启方式和方向，以及门窗的主要尺寸和节点索引

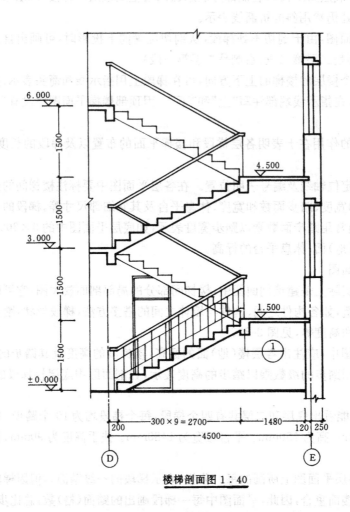

楼梯剖面图 1:40

图 8-22　楼梯剖面图

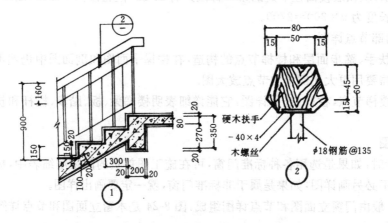

图 8-23　楼梯节点、栏杆、扶手详图

符号等内容,如图 8-24(a)所示。

　　窗的高度和宽度方向应标注三道尺寸:第一道为窗洞尺寸;第二道为窗框外包尺寸;第三道为窗扇尺寸。门窗洞口尺寸应与建筑平面图、建筑剖面图中的门窗洞口尺寸一致。

　　立面图中除外轮廓线用中实线外,其余均为细实线。

　　(二)节点详图

　　门窗节点详图是用于表示门框、门扇、窗框、窗扇各部位的断面形状、材料和构造关系,如图 8-24(b)所示。

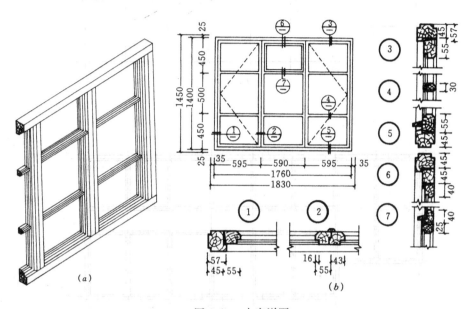

图 8-24　木窗详图

(a)轴测图;　(b)立面、断面图

　　各节点详图应按立面图中的详图索引符号确定剖切位置和投影方向绘制。节点详图的比例应大一些,框料、扇料等断面轮廓线用粗实线,其余均用细实线。

　　节点详图还应标注必要的尺寸,如 40×55 等为下料尺寸,裁口尺寸已详细标明在标准图集中。

第七节　建筑施工图的绘制

　　通过前面几节的学习,我们对建筑施工图的表达内容、图示方法和看图要领有了初步了解。但要学会画建筑施工图,掌握画图的技能与技巧,就必须通过绘图的实践。

　　绘图时,首先要根据所画图形的内容、数量和大小,选择合适的图纸、比例进行布图,然后再用硬铅笔(2H 或 3H)画出细线底图,最后再按图线要求加深底图、标注尺寸、填写标题栏。

　　施工图的画图顺序是先画平面图,再画立面图和剖面图,最后画详图。

　　平、立、剖面图三个图样可以画在一张图纸上,也可以不画在一张图纸上。画在一张图纸上时,应按投影关系排列;不画在一张图纸上时,相应的尺寸必须一致。

　　下面介绍各施工图的具体画法。

147

一、平面图的画法

（1）根据开间和进深尺寸画出定位轴线（图 8-25a）。

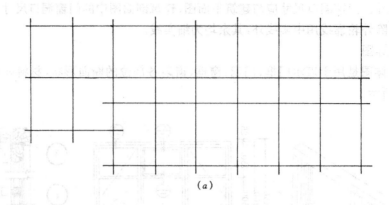

(a)

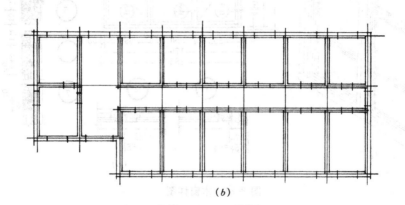

(b)

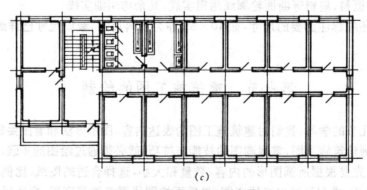

(c)

图 8-25　平面图的画图步骤

　　（2）根据墙体厚度、门窗洞和窗间墙等分段尺寸画出内外墙身轮廓线的底线（图 8-25b）。

　　（3）根据尺寸画出楼梯、台阶、平台、散水等细部,再按图例画出门窗和卫生间的设备、烟道、通风道等（图 8-25c）。

　　（4）按图线层次要求加深所有图线,再画尺寸界线、尺寸线和轴线编号圆圈、最后注写轴线与门窗编号和尺寸数字(参看图 8-7、图 8-8)。

二、立面图的画法

(1)画出室外地面线,房屋外形轮廓线和屋顶线(图 8-26a)。

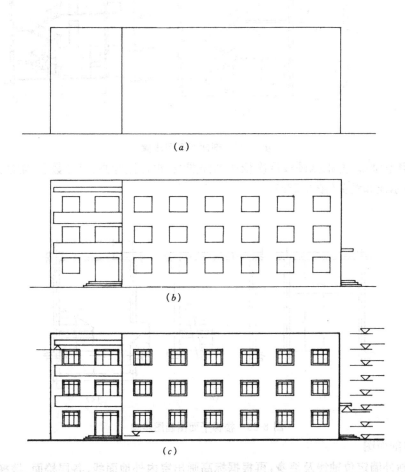

图 8-26　立面图画图步骤

(2)确定门窗洞口、烟道及通风道等位置,再画出门窗、阳台、檐口等细部(图 8-26b)。

(3)按图线层次加深图线,标注标高与高度方向尺寸及文字说明(图 8-26c,图 8-12)。

三、剖面图的画法

(1)依次画出墙身定位轴线、室内外地面线和女儿墙顶部线,再画各楼层、楼梯平台等处标高控制线和墙厚(图 8-27a)。

(2)在墙身上画出门窗位置,再画楼梯梯段、台阶、阳台、女儿墙、屋面、烟道、通风道等细部(图 8-27b)。

(3)按图线层次加深各图线,并注写标高和尺寸数字(图 8-27c,图 8-15)。

四、楼梯详图画法

1. 楼梯平面图(以底层平面图为例)

(1)根据楼梯间的开间和进深尺寸画出定位轴线,然后画出墙厚及门洞(图 8-28a)。

(2)画出楼梯平台宽度 a、梯段长度 L、梯段宽度 b。再根据踏步级数 n 在楼梯段上用等分两平行线间距离的方法画出踏步面数(等于 $n-1$),见图 8-28(b)。

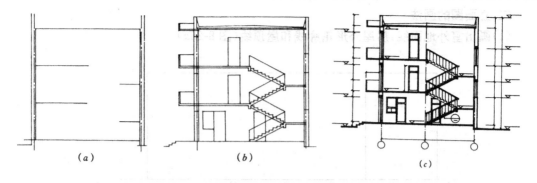

图 8-27　剖面图画图步骤

（3）画其它细部，并根据图线层次依次加深图线，再标注标高、尺寸数字、轴线编号、楼梯上下方向指示线和箭头（图 8-28c）。

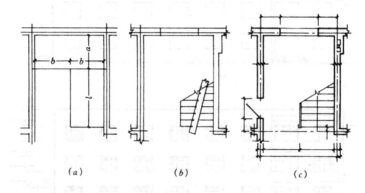

图 8-28　楼梯平面图画图步骤

2.楼梯剖面图

（1）先画外墙定位轴线及墙身，再根据标高画出室内外地面线、各层楼面、楼梯休息平台的位置线（图 8-29a）。

（2）根据梯段的长度 L、平台宽度 a、踏步数 n，定出楼梯梯段的位置。再根据等分两平行线距离的方法画出踏步的位置（图 8-29b）。

（3）画门、窗、梁、板、台阶、雨篷、栏杆、扶手等细部（图 8-29c）。

（4）加深图线并标注尺寸、标高、轴线编号等（图 8-29d）。

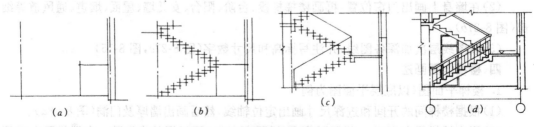

图 8-29　楼梯剖面图画图步骤

思 考 题

1. 试述房屋施工图的分类以及建筑施工图和结构施工图的主要区别。

2. 房屋施工图包括哪些图纸？它们各自表示什么内容？

3. 试述总平面图的作用和内容。在总平面图中怎样确定建筑物的位置？

4. 在平面图的外墙上规定标注几道尺寸？每道尺寸的作用如何？

5. 在剖面图和立面图上各自标注哪些尺寸（包括标高）？

6. 为什么要画详图？它在表达方法上与平、立、剖面图有何区别？

7. 试述索引符号与详图符号的编制方法。

8. 什么是构配件标准图？选用构配件的标准图有何实际意义？

9. 试述画平、立、剖面图的一般方法和步骤。

第九章 结构施工图

　　房屋施工图除了建筑施工图所表达的房屋造型、平面布置、建筑构造与装修内容外,还应按建筑各方面的要求进行力学与结构计算,决定房屋承重构件(如基础、梁、板、柱等)的具体形状、大小、所用材料、内部构造以及结构造型与构件布置等等,并将其结果绘制成图样,用以指导施工,这种图样称为结构施工图,简称"结施"。

　　结构施工图包括楼层结构平面布置图、屋面结构平面布置图、基础施工图和构件详图等。

第一节　钢筋混凝土结构图

一、钢筋混凝土简介

(一)钢筋混凝土材料性能

　　混凝土是由水泥、砂、石子和水按一定比例配合后,浇筑在模板内经振捣密实和养护而制成的一种人工石材。凝固后的混凝土构件坚硬如石,具有较高的抗压强度,但抗拉强度却很低,容易在受拉时断裂。为了提高混凝土构件的抗拉能力,常在构件受拉区域内加入一定数量的钢筋,这种配有钢筋的混凝土称为钢筋混凝土。

　　用钢筋混凝土制成的梁、板、柱等称为钢筋混凝土构件。钢筋混凝土构件在现场浇筑制作的称为现浇构件,而在预制构件厂先期制成的则称为预制构件。此外,为了提高构件的抗拉和抗裂性能,在构件制作时,先将钢筋张拉、预加一定的压力,这种构件称为预应力钢筋混凝土构件。

(二)钢筋的分类与作用

　　配置在钢筋混凝土构件中的钢筋,按其受力和作用的不同可分为下列几种(见图9-1)。

1. 受力筋

承受拉、压应力的钢筋为受力筋,它又分为直筋和弯筋两种。

2. 架立筋

用以固定梁内受力钢筋和钢箍的位置,构成梁内钢筋骨架。

3. 钢箍(箍筋)

其作用是固定受力钢筋的位置,并且承受部分斜拉应力。

4. 分布筋

用于板内,且与板内受力筋垂直固定,形成整体受力。

5. 其它钢筋

因构件构造要求或施工安装需要而配置的构造筋,如预埋在构件中的锚固筋、吊环等。

(三)钢筋弯钩

　　当受力筋采用光面钢筋时,为增强钢筋与混凝土的粘结力,通常把钢筋两端做成弯钩,

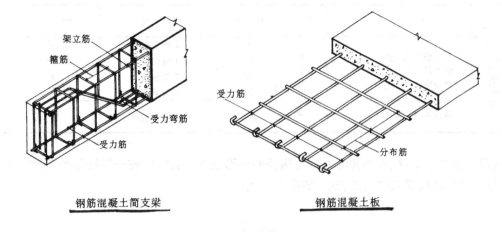

钢筋混凝土简支梁   钢筋混凝土板

图 9-1   钢筋混凝土梁、板配筋示意图

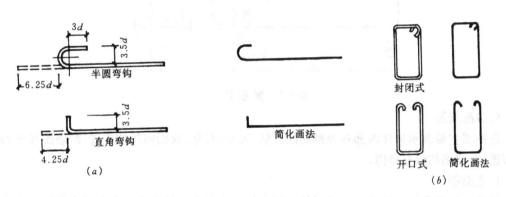

图 9-2   钢筋的弯钩

(a)受力筋的弯钩；(b)箍筋的弯钩

钢筋弯钩形式如图 9-2 所示。

（四）钢筋的保护层

为了防止钢筋锈蚀，增加钢筋与混凝土的粘结力和钢筋抗焚能力，构件中的钢筋不允许外露，必须留有一定厚度的保护层。钢筋混凝土设计规范规定，钢筋混凝土梁、柱的保护层最小厚度为 25mm，板和墙的最小保护层厚度为 10～15mm。

（五）钢筋的种类、级别和代号

根据生产加工方法的不同，钢筋可分为热轧钢筋、热处理钢筋和冷拉钢筋。建筑工程中常用的钢筋种类、级别和代号见表 9-1。

二、钢筋混凝土构件图的图示方法

钢筋混凝土构件图由模板图、配筋图、预埋件详图及钢筋明细表等组成。

（一）模板图

模板图主要表示构件的外形尺寸及预埋件、预留孔的大小和位置。它是模板制作与安装的重要依据，多用于较复杂的构件。

种　类	级　别	代　号	种　类	级　别	代　号
热轧钢筋（或热处理钢筋）	Ⅰ级钢筋（3号光钢） Ⅱ级钢筋（16锰） Ⅲ级钢筋（25锰硅） Ⅳ级钢筋（45锰硅矾） Ⅴ级钢筋（44锰，硅）	Φ Φ Φ Φ Φᴸ	冷拉钢筋	Ⅰ级钢筋 Ⅱ级钢筋 Ⅲ级钢筋 Ⅳ级钢筋	Φᴸ Φᴸ Φᴸ Φᴸ
			钢丝	冷拔低炭钢丝	Ø^b

从图示方法上看，模板图实际上就是构件的外形视图，因此，应按一般物体的表示方法绘制，但外形轮廓线要用中实线表示，如图9-3所示。

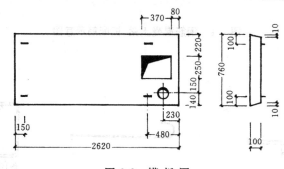

图 9-3　模 板 图

（二）配筋图

配筋图主要表示构件内部各种钢筋的形状、大小、数量、级别和排放位置。配筋图又分为立面图、断面图和钢筋详图。

1. 立面图

配筋立面图是假定构件为一透明体而画出的一个纵向正投影图。它主要表示构件内钢筋的立面形状及其上下排列位置。构件轮廓线用细实线表示，钢筋用粗实线表示。当钢筋的类型、直径、间距均相同时，可只画出其中的一部分，其余可省略不画。

2. 断面图

配筋断面图是构件的横向剖切投影图。它主要表示构件内钢筋的上下和前后配置情况以及钢箍的形状等内容。一般在构件断面形状或钢筋数量、位置有变化之处，均应画一断面图。构件断面轮廓线用细实线表示，钢筋横断面用黑点表示。

3. 钢筋详图

钢筋详图是按《建筑结构制图标准》规定的图例画出的一种示意图。它能表示钢筋的形状，并便于施工和制编预算。同一编号的钢筋只画一根，并详细注出钢筋的编号、直径、级别、数量（或间距）及各段长度与总长度。注写长度时，可不画尺寸线和尺寸界线，而直接注写尺寸数字。

结构施工图中常见的钢筋图例见表9-2。

4. 钢筋编号

在钢筋立面图和断面图中，均应标注出相一致的编号，其作用是标明钢筋数量、直径、级别、长度等。钢筋编号用阿拉伯数字注写在直径为 6mm 的细实线圆内，并用指引线指向相应的钢筋。钢筋标注内容均应注写在指引线的水平线段上。

钢 筋 图 例（GBJ105～87）　　　　　　　　　　　　　　　　　表 9-2

名　　　称	图　　　例	说　　　明
钢筋横断面	●	
无弯钩的钢筋端部		下图表示长短钢筋投影重叠时，可在短钢筋的端部用45°短划线表示
预应力钢筋横断面	+	
预应力钢筋或钢铰线	 —··—··—	用粗双点划线
无弯钩的钢筋搭接		
带半圆形弯钩的钢筋端部		
带半圆弯钩的钢筋搭接		
带直弯钩的钢筋端部		
带直弯钩的钢筋搭接		
带丝扣的钢筋端部		
接触对焊（闪光焊）的钢筋接头		
单面焊接的钢筋接头		
双面焊接的钢筋接头		
焊接网		一张网平面图

（三）预埋件详图

在浇筑钢筋混凝土构件时，可能需要配置一些预埋件，如吊环、钢板等。预埋件详图可用正投影图或轴测图表示（见图 9-6）。

（四）钢筋明细表

在钢筋混凝土构件配筋图中，如果构件比较简单，可不画钢筋详图，而只列一钢筋明细表,供施工备料和编制预算使用。在钢筋明细表中,要标明钢筋的编号、简图、直径、级别、长度、根数、总长和总重等内容。其中钢筋简图可按钢筋近似形状画出,并注写每段长度。

三、构件代号和标准图集

(一)构件代号

建筑工程中所使用的钢筋混凝土构件种类繁多,而且布置复杂。为使构件区分清楚,便于设计与施工,在《建筑结构制图标准》中已将各种构件的代号作了具体规定,常用构件代号见表9-3。

常用构件代号(GBJ105—87) 表 9-3

名　　　称	代　　　号	名　　　称	代　　　号
板	B	屋架	WJ
屋面板	WB	托架	TJ
空心板	KB	天窗架	CJ
槽形板	CB	框架	KJ
折板	ZB	刚架	GJ
密肋板	MB	支架	ZJ
楼梯板	TB	柱	Z
盖板或沟盖板	GB	基柱	J
挡雨板或檐口板	YB	设备基础	SJ
吊车安全走道板	DB	桩	ZH
墙板	QB	柱间支撑	Z
天沟板	TGB	垂直支撑	CC
梁	L	水平支撑	SC
屋面梁	WL	梯	T
吊车梁	DL	雨篷	YP
圈梁	QL	阳台	YT
过梁	GL	梁垫	LD
连系梁	LL	预埋件	M
基础梁	JL	天窗端壁	TD
楼梯梁	TL	钢筋网	W
檩条	LT	钢筋骨架	G

注:预应力钢筋混凝土构件的代号,应在上列构件代号前加"Y"。

(二)构件标准图集

为使钢筋混凝土构件系列化、标准化,便于工业化生产,国家及各省、市都编制了定型构件标准图集。绘制施工图时,凡选用定型构件,可直接引用标准图集,而不必绘制构件施工图。在生产构件时,可根据构件的编号查出标准图直接制做。

构件标准图集分为全国通用和各省、市内通用两类。使用标准图集时,应熟悉标准图集的编号,以及标准图中构件代号和标记的含义。

下面介绍几个构件的编号、代号和标记的应用示例。

【例 9-1】 GLB18·3b—2(LG325)

编号意义:LG325——黑龙江省建筑标准设计图集《混凝土过梁》

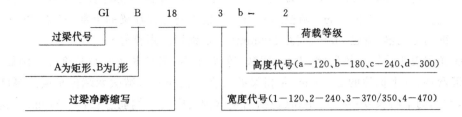

【例9-2】 YKB II 36.6A—2(LG401)

编号意义:LG401——黑龙江省建筑标准设计图集《预应力混凝土空心板》

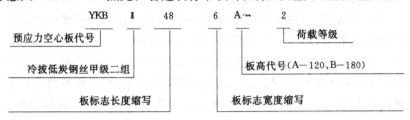

四、钢筋混凝土构件图示实例

1. 钢筋混凝土简支梁

图9-4是钢筋混凝土简支梁的配筋图,它由立面图、断面图和钢筋详图组成。

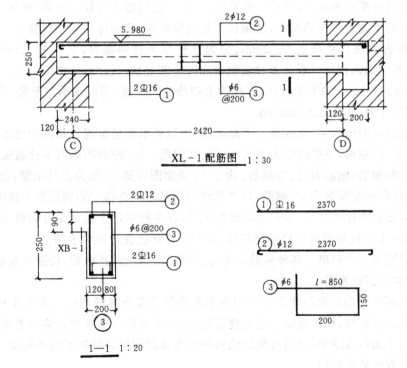

图9-4 钢筋混凝土简支梁

配筋立面图和断面图分别表明简支梁的长为2420mm,宽为200mm、高250mm。两端搭

157

入墙内,其左端搭入墙内240mm,右端搭入墙内320mm。梁的下部配置了两根受力钢筋,其编号为①直径16mm、Ⅱ级钢筋。两根编号为②的架立筋配置在梁的上部,直径12mm、Ⅱ级钢筋。③钢筋是钢箍,直径6mm、间距200mm(ⓐ是钢箍间距符号)。

钢筋详图表明了钢筋的形状、编号、根数、等级、直径、各段长度和总长度等。例如:②钢筋两端带弯钩,其上标注的2370mm是指梁的长度(2420mm),减去两端保护层的厚度(2×25mm),钢筋的下料长度 $l=2520$ mm(包括两端弯钩长度)。①钢筋总长 $l=2370$ mm。钢筋尺寸按钢筋的内皮尺寸计算。

2. 钢筋混凝土板

图9-5是现浇钢筋混凝土板的配筋详图,它由平面图、剖面图和钢筋详图组成。

在配筋平面图和剖面图中,除表示出板的外形外,还应画出板下面墙的轮廓及位置。墙身可见轮廓线用细实线表示,不可见墙身轮廓线用细虚线表示。

钢筋混凝土板按其受力不同,可分为单向受力板和双向受力板。单向受力板中的受力筋配置在分布筋的下侧,双向受力板两个方向的钢筋都是受力筋,但与板短边平行的钢筋配置在下侧。如果现浇板中的钢筋是均匀配置的,那么同一形状的钢筋可只画其中的一根。钢筋详图即可以用重合法表示在板的平面图之内,也允许画在平面图之外。

图9-5所示钢筋混凝土现浇板为双向受力板,其长为7200mm、宽为6050mm、厚为90mm。钢筋形状、直径、级别、间距、长度等内容都已表明在图中,这里不再叙述。

3. 钢筋混凝土柱

图9-6是单层工业厂房BZ—11钢筋混凝土边柱的模板、配筋图,它选自《全国通用工业厂房结构构件标准图集(CG335)》。由于BZ—11钢筋混凝土边柱的外形、配筋、预埋件比较复杂,因此,除了画出其配筋图外,还画出了柱的模板图、预埋件详图和钢筋表。

模板图表明该柱总高为9600mm,分为上柱和下柱两部分,上柱高3300mm、下柱高6300mm。配合断面图可以看出上柱断面为正方形实心柱,尺寸为400mm×400mm;下柱断面为700mm×400mm的工字形柱,下柱的上端凸出的牛腿,用以支承吊车梁,牛腿断面2-2为矩形,其尺寸为400mm×1000mm。

配筋图以立面图为主,再配合三个断面图,便可表示配筋情况。从图中可以看到上柱受力筋为①、④、⑤钢筋,下柱的受力筋为①、②、③钢筋。3-3断面图表明下柱腹板内又加配两根编号为⑬的钢筋,钢箍为⑪、⑫钢筋。由1—1断面图可知,⑩筋为上柱钢箍;由2-2断面图可知,牛腿柱中的配筋为⑥、⑦钢筋,其形状可由钢筋表中查得。⑧钢筋为牛腿中的钢箍,其尺寸随牛腿断面变化而改变,⑨钢筋是单肢钢箍,在牛腿中用于固定受力钢筋②、③、④和⑬的位置。M—1是柱与屋架焊接的预埋件,它们的形状已在详图中表明。

在钢筋明细表中列出了各种钢筋的编号、形状、级别、直径、根数、长度和重量。

五、结构平面布置图

结构平面布置图是表示建筑物各层各承重构件平面布置的图样。因承重构件多为梁、板、柱等,所以也称梁,板布置图。它是建筑施工中,承重构件布置与安装的主要依据。

在结构平面布置图中,包括有楼层结构平面布置图和屋面结构平面布置图。两者的图示内容和图示方法基本相同。

下面以图9-7所示学生宿舍楼层结构平面布置图为例,介绍结构平面布置图的基本内容和图示方法。

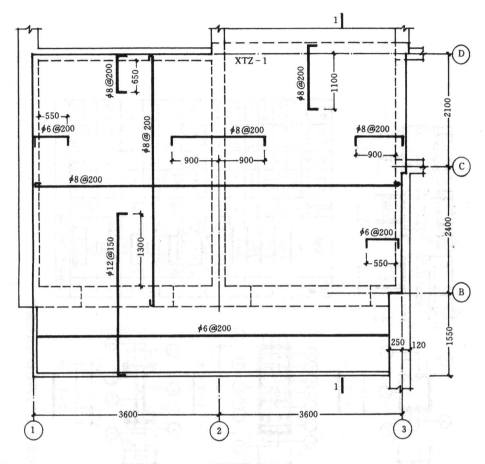

XB-1配筋图 1:50

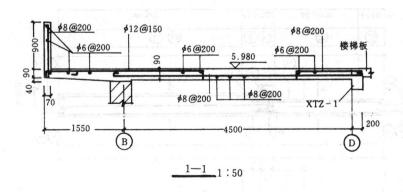

1—1 1:50

图 9-5　钢筋混凝土现浇板配筋图

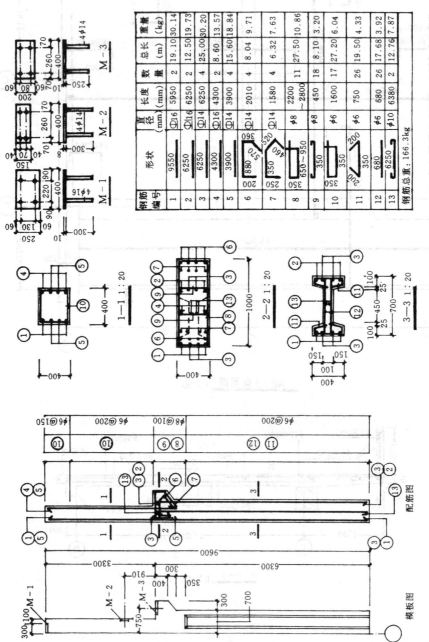

钢筋编号	形状	直径名称(mm)	长度(mm)	数量	总长(m)	重量(kg)
1	9550	Φ16	5950	2	19.10	30.14
2	6250	Φ16	6250	2	12.50	19.73
3	6250	Φ14	6250	4	25.00	30.20
4	4300	Φ16	4300	2	8.60	13.57
5	3900	Φ14	3900	4	15.60	18.84
6	880	Φ14	2010	4	8.04	9.71
7	350	Φ14	1580	4	6.32	7.63
8	650~950	φ8	2200~2800	11	27.50	10.86
9	350	φ8	450	18	8.10	3.20
10	350	φ6	1600	17	27.20	6.04
11	350	φ6	750	26	19.50	4.33
12	680	φ6	680	26	17.68	3.92
13	6250	φ10	6380	2	12.76	7.87

钢筋总重：166.3kg

图 9-6 钢筋混凝土工字形边模柱模板配筋图

160

1. 轴线和比例

结构平面布置图的轴线编号、轴间尺寸、比例同建筑平面图完全一致。

2. 预制楼板的表示方法

在平面图上，应根据建筑施工图中的承重墙位置、开间与进深尺寸确定楼板的跨度方向，选择合适的楼板进行布置。绘图时可采用简化画法，即在相同预制楼板布置的范围内，画一对角线并注写预制楼板的数量和代号，例如图中在③～④轴线间的房间内平均布置8块预应力钢筋混凝土空心板，其中代号为7YKBⅡ36·6A-2表示7块空心板，代号为1YKBⅡ36·9A-2的空心板1块。

为了清楚地表达楼板与墙体（或梁）的构造关系，通常还要画出节点剖面放大图，以便于施工（见图9-8）。在节点放大图中，应注明楼板（或梁）的底面标高和墙（或梁）的宽度尺寸。

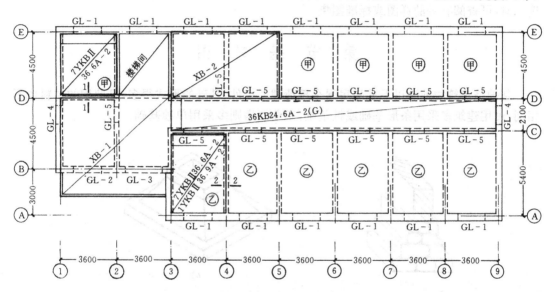

二层顶棚结构布置图 1：100

图 9-7　结构平面布置图

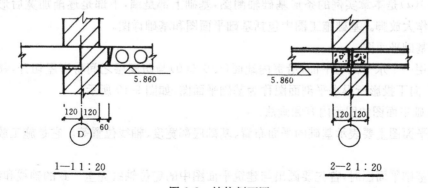

1—1 1：20　　　　2—2 1：20

图 9-8　结构剖面图

在结构平面布置图中，为了突出梁、板的布置内容，使图面层次分明，规定墙体轮廓线用中实线表示；楼板轮廓线用细实线表示；被遮挡住的墙体轮廓线用中虚线表示（见图9-7）。

3. 现浇钢筋混凝土板的表示方法

在楼板布置范围内画一对角线，并注写板的编号，如 XB_1、XB_2 等。有时也可在结构平面布置图中，画出梁、板的重合断面图，但须将断面涂黑，并标注梁底面标高（见图9-7）。

4. 预制钢筋混凝土梁的表示方法

在结构平面图中，配置在板下的圈梁、过梁等混凝土构件轮廓线可用细虚线表示；也可用单线（粗虚线）表示，并应在构件旁侧标注其编号和代号，如图9-7中的过梁 $GL-1$ 的代号为 $GLB18 \cdot 3a-2$。

5. 其它

为了明确表示各楼层所采用的各种构件类别、数量等，一般要列出预制构件明细表以供查用。房屋的其它构件，如楼梯、阳台、雨篷、檐板等也需要表达清楚，其图示方法基本相同。选用时，可查阅有关的详图或标准图集。

第二节 基 础 图

基础是建筑物地面以下承受房屋全部荷载的构件。基础的形式很多，且使用的材料也不相同，民用建筑多采用条形基础或桩基础，工业厂房则多采用单独基础。

 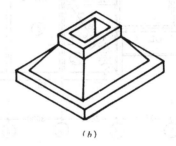

(a)　　　　　　　　　　　(b)

图 9-9　基础的形式
(a)毛石条形基础；　(b)独立基础

一、条形基础

图 9-9(a)是本章实例的条形基础轴测图，基础上部是墙，下部是逐渐加宽后形成的台阶砌体称作大放脚。基础施工图中包括基础平面图和基础详图。

(一)基础平面图

假想用一个水平剖切平面，沿室内地面(±0.000)与防潮层之间将房屋切开，移去上面的房屋后，向下投影所得水平剖面图称为基础平面图，如图9-10所示。

1. 基础平面图的图示内容和画法

基础平面图主要表示基础的平面布置、基础底部宽度、轴线位置等。它是施工放线的重要依据。

绘制基础平面图时，首先要画出与建筑平面图中的定位轴线完全一致的轴线和编号。规定被剖到的墙身轮廓线用粗实线表示，基础底部边线用细实线绘制，大放脚的水平投影省略不画。因此，对一段墙体的条形基础而言，基础平面图中只画四条线，即两条粗实线（墙身宽），两条细实线（基础底部宽度）。

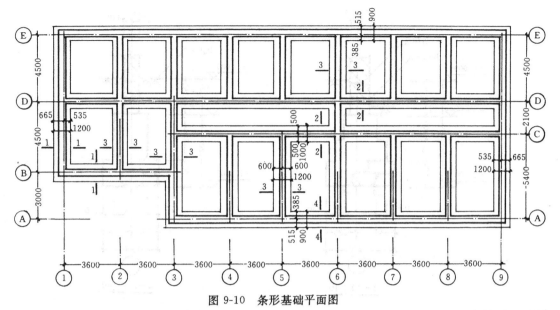

图 9-10　条形基础平面图

各种管线出入口处的预留孔洞用虚线表示，基础平面图中的材料图例与建筑平面图材料图例相同。

2.基础平面图的尺寸

在基础平面图中，应注出基础定位轴线间的尺寸和横向与纵向的两端轴线间的尺寸。此外，还应注出内、外墙宽度尺寸，基础底部宽度尺寸及定位尺寸，预留孔洞尺寸和标高，地沟宽度尺寸和标高等。

(二)基础详图

假想用剖切平面垂直剖切基础，用较大比例画出的断面图称为基础详图，见图 9-11。它用于表示基础的断面形状、构成材料、详图尺寸和标高等内容。

由于房屋各部位的荷载、地基承载力和构造要求等不同，其基础的宽度、埋置深度和断面形状也不一样，所以对不相同的基础都要画基础详图。

为了表示剖切位置和投影方向，在基础平面图中还应画出剖切符号，并在基础详图的下面标注与之相对应的详图符号。

从图 9-11 可以了解到，本章实例的内外墙基础是用毛石砌筑的。其断面均为阶梯状，1—1 详图是外墙基础，共有三个台阶；2—2 详图是内墙基础，共有二个台阶。在基础上端均设置钢筋混凝土圈梁，它的上面是墙身。在室内地面以下-0.060处设有防潮层。在基础详图中，不仅要详细注出基础断面尺寸，还需注出室内外地面及基础底面的标高。各种管线出、入口处的孔洞，除在基础平面图中标明其位置、尺寸与标高外，一般还应画出详图。

二、单独基础

在工业厂房和某些民用建筑中，经常采用单独基础.常见的钢筋混凝土杯形基础的形状见图 9-9(b)。单独基础施工图同样也包括基础平面图、基础详图。

(一)基础平面图

图 9-12 是某厂房的钢筋混凝土杯形基础平面图，单独基础平面图不但要表示出基础的平面形状，而且要标明各单独基础的相对位置。对不同类型的单独基础要分别编号，如在图

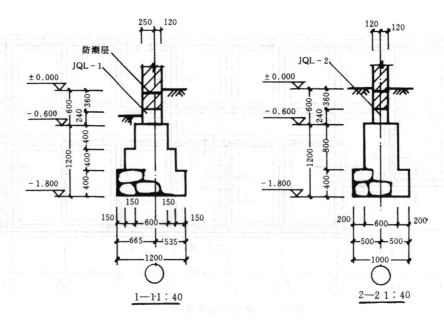

图 9-11　条形基础剖面详图

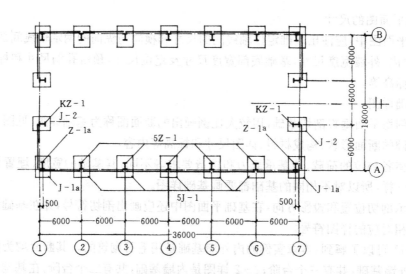

图 9-12　杯形基础平面图

9-12 中,编号为 J-1 的基础有 10 个,布置在②～⑥轴线之间并分前后两排;山墙抗风柱基础编号为 J-2,共 4 个布置在①和⑦轴线上,J-1a 基础也有 4 个,分布在车间四角。单独基础之间一般设置有基础梁,图中其编号为 JL-1,JL-2。

(二)基础详图

钢筋混凝土单独基础详图一般应画出平面图和剖面图,用以表达每一基础的形状、尺寸和配筋情况。

图 9-13 是钢筋混凝土杯形基础的结构详图。基础底面尺寸为 2200mm×2700mm,总高为 950mm,底面标高为-2.050。

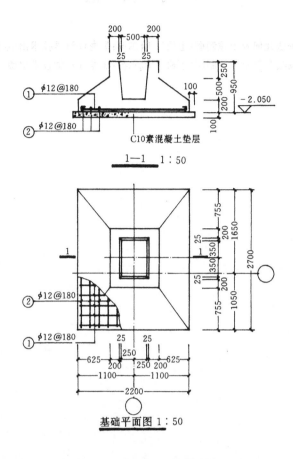

C10素混凝土垫层

1—1 1:50

基础平面图 1:50

图 9-13 杯型独立基础详图

思 考 题

1. 钢筋混凝土结构图一般应包括哪些内容？

2. 模板图与配筋图各自表示什么内容？在图示方法上有何区别？

3. 在配筋图上对钢筋怎样编号和标注尺寸？

4. 如何查阅定型构件的标准通用图集？

5. 在梁板布置图中怎样表示板下的墙、梁和柱？在梁板布置图中怎样简化预制楼板的表示方法？

6. 条形基础施工图由哪些图组成？各图都表示什么内容？它们之间有何关系？

7. 在条形基础平面图中都应表示哪些内容？在基础平面图和基础详图中各标注哪些尺寸(包括标高)？

参 考 文 献

1   宋安平主编·画法几何及土建制图(上册).哈尔滨:黑龙江科学技术出版社,1992
2   施宗惠主编·画法几何及土建制图(下册).哈尔滨:黑龙江科学技术出版社,1992